김정희

1973년 강원도 화천에서 태어나 산과 바다를 벗하여 자랐다. 부모를 따라 전국을 돌아다니다가 열여섯부터 서울에서 살기 시작했다. 대학교 2학년 여름방학 때 쓴 소설 『작고 가벼운 우울』이 제27회 여성동아 장편소설 공모에 당선되었다 (1995년). 문과형 인간이지만, 수의 질서 속에 담긴 아름다움에 빠져 수학을 공부하다가 '이야기 수학'의 원조 격인 『소설처럼 아름다운 수학 이야기』를 펴냈다. 2002년에 발표한 이 책은 지금까지도 독자들의 꾸준한 사랑을 받는 스테디셀러로 자리 잡았다.

공상하는 것을 좋아하고 배우는 것을 즐긴다. 세 아이의 엄마가 된 후로 바쁜 나날을 보내고 있지만 좋은 작가가 되고 싶다는 꿈을 잃지 않고 있다. 현재 캐나다에서 아이들과 함께 살고 있다.

수학평전

수학평전

인문학의 시각으로 바라본 수학적 상상력의 역사

초판 1쇄 인쇄 2023년 4월 28일
초판 1쇄 발행 2023년 5월 15일

지은이 김정희

발행인 윤호권
사업총괄 정유한

편집 이양훈
디자인 윤주열(여울)
수식입력 프로메테우스

발행처 (주)시공사
주소 서울시 성동구 상원1길 22, 6-8층(우편번호 04779)
대표전화 02-3486-6877
팩스 0504-370-4696
홈페이지 www.sigongsa.com / www.sigongjunior.com

ISBN 979-11-6925-753-4 (03410)

인문학의 시각으로 바라본
수학적 상상력의 역사

수학평전

김정희 지음

△▽△▽△▽△▽△▽△▽△

시공사

'수학'이라는
경이로운 시간을 향한 여행

저는 예술 작품 속에서 수학을 발견하는 일을 좋아합니다. 그림을 볼 때나 영화를 볼 때, 아주 작은 수학적 단서라도 발견하는 일의 즐거움이 있습니다.

차원에 대한 이해를 그림으로 옮긴 화가들이 많다는 건 잘 알려진 사실입니다. 그림은 근본적으로 수학적인 바탕 위에서 그려집니다. 인간이 황금비율에서 미(美)를 느끼듯이, 자연의 아름다움과 예술의 아름다움은 수학에서 비롯됩니다.

저는 영화 〈히든 피겨스(Hidden Figures)〉 〈무한대를 본 남자(The Man Who Knew Infinity)〉 〈뷰티플 마인드(A Beautiful Mind)〉 〈이미테이션 게임(The Imitation Game)〉 같은, 실존했던 수학자가

나오는 영화를 좋아합니다. 그런 영화 속에선 주인공들이 수학적인 순간을 맞이하는 장면이 꼭 등장합니다. 그것이 없으면 '수학 영화'라고 할 수 없겠죠. 오랫동안 골몰한 후에 어떤 난제를 푸는 순간, 아르키메데스처럼 "유레카!"라고 외치는 것이 바로 수학적인 순간입니다.

좀 더 확장하자면, 수학은 인간의 삶에 대한 이해를 돕기도 합니다. 줌파 라히리(Jhumpa Lahiri)의 『저지대』라는 소설에는, 옛 경전에 '거미는 자신의 실로서 공간의 자유에 이른다'라고 쓰여 있다고 말하는 문장이 있습니다. 거미도 꿀벌도 본능적으로 수학적인 행위를 합니다. 자연이 그렇게 짜여 있으므로 옛 수학자들이 자연으로부터 수학적 구조를 발견하고 체계를 만들게 된 것입니다. 인간의 삶도 자연의 일부이고, 우리도 기본적으로 거미처럼 수학적인 본능에 의해서 살아가고 있습니다. 인간의 삶이란 예측이 불가한 것이지만, 수학적인 사고가 자기 삶의 구조를 파악하고 성찰하는 데 큰 도움이 된다고 생각합니다.

물론 저는 수학을 철학적으로 해석하는 것이 옳은 것인지에 대해서 판단하기 어렵습니다. 하지만 수학이 철학과 하나였다는 근본으로 돌아가서 사고하는 것이 필요하다고 생각합니다. 많은 SF 영화에서 우리는 수학과 과학을 발견합니다. 〈인터스텔라〉라는 영화가 양자역학의 관점에서는 옥의 티가 많은 영화일 것입니다. 그러나 인간의 상상력을 자극하는 데 수학과 과학이 한몫한다는 사실은 부정할 수 없습니다.

수학적으로 사고하는 습관은 생각하는 힘을 키워줍니다. 저는 아직도 수학적으로 사고한다는 것이 정확하게 무엇인지 모릅니다. 그걸 배우기 위해 노력할 뿐입니다. 수학과 관련된 학문을 전공해야 수학적인 사고가 무엇이라고 말할 수 있는 것이 아닐까, 회의가 들 때도 있었습니다. 저로서는 아무리 애써도 도달할 수 없는 한계가 있을지도 모르겠습니다.

그러나 수학적 사고가 무엇인지 알 수 없다 하더라도, 그것이 다른 사고 활동을 할 때 크게 도움이 된다는 사실만은 아무도 부정하지 못할 것입니다. 특히 컴퓨터로 많은 것을 처리하는 21세기의 사람으로서 수학에 대한 관심을 기울인다면 세상을 보는 눈을 훨씬 넓힐 수 있습니다. 최근 챗(Chat)GPT가 유행하면서 인공 지능에 대한 관심이 어느 때보다 높아졌습니다. 우리가 수학의 알고리즘이 어떻게 작동하는지에 대해서 이해한다면 새로운 시대를 더 잘 헤쳐 나갈 수 있을 것입니다. 수학은 고대로부터 우리 곁에 있었지만, 인공 지능의 시대가 열리면서 새로운 언어로 부상한 셈입니다.

인공 지능은 우리 인간의 뇌를 본떠 만든 알고리즘입니다. 그 알고리즘을 뉴럴 네트워크(Neural Network)라고 부릅니다. 이것은 주어진 데이터의 패턴을 찾고, 그것을 바탕으로 새로이 입력된 데이터의 출력을 예측하는 것입니다. 마치 챗GTP가 생각을 할 수 있는 것처럼 보이지만, 현재로서는 데이터를 분석하고 예측하는 알고리즘 프로그램일 뿐입니다. 그렇지만 기술이 발전할수록 미래에는 어떤 기술이 기다리고 있을지 우리는 아무도 모릅니다.

이러한 시대에 수학의 중요성은 어느 때보다 부각되고 있습니다. 새로운 시대인 만큼 새로운 수학적인 발견이 우리를 기다리고 있습니다. 이제 우리는 그 수학적인 순간을 즐기기만 하면 됩니다. "유레카"를 외치면서.

여러분의 수학적인 순간을 위해서 기본 지식을 쌓을 수 있는 이 쉽고 작은 수학 이야기가 도움이 되길 바랍니다.

Contents

△▽△▽△▽△▽△▽△▽

Contents

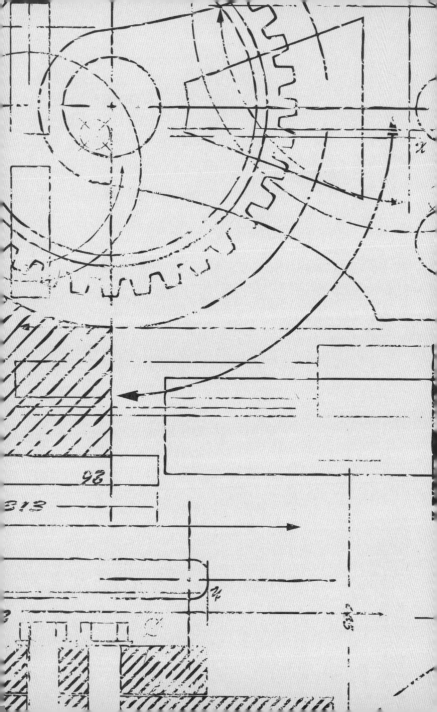

CHAPTER 1

수학의 답을 찾는 과정은
대단히 철학적이고
문학적인 모험이다

통찰력과 상상력 그리고 직관
유한한 존재의 무한을 향한 도전
상상력조차 가닿을 수 없는 무한의 세계
수학은 이야기를 통해 표현된다

계산과 연산은 수학을 위한 도구일 뿐이다. 공식을 정확하게 외운다고 해서 수학 문제의 정답을 척척 이끌어낼 수 있는 것도 아니다. 수학은 무한한 상상력을 필요로 하고, 하나의 문제에서 정답을 이끌어내는 방법 역시 상상력의 크기만큼이나 다양하다. 그리고 때때로 수학은 대단히 철학적이며 문학적이다. 수학은, 그리고 인류의 문명은 감수성 풍부한 몽상가들의 엉뚱하고 기발한 아이디어와 함께 진화해왔다.

통찰력과 상상력 그리고 직관

: 수학은 경험과 철학의 산물이다

가끔 이런 이야기를 듣게 된다.

"인생이 수학이었으면 좋겠어. 답이 딱 하나뿐이니까. 수학 공식대로 풀기만 하면 정답을 얻을 수 있으니 얼마나 좋아."

그건 정말 큰 오해다. 사람들은 흔히 수학을 그저 공식을 외워서 풀어가는 것이라고 생각하곤 한다. 또 수학이 차갑고 무미건조하고 따분하고 재미없다고 생각한다. 수학이란 오로지 공식에 숫자를 꾸역꾸역 집어넣고 계산만 하는 것이다? 절대 그렇지 않다. 계산은 수학을 하는 데 꼭 필요한 도구일 뿐

수학의 모든 것이 아니다. 전자계산기만 있으면 시험에서 100점을 받을 수 있을 거라 생각하지만, 사실은 그렇지 않다.

수학은 필요한 결론을 이끌어내는 과학이며, 대단히 창조적이고 철학적인 과정을 필요로 하는 학문이다. 수학 또한 인생처럼 예측하기 어렵고, 수많은 변수들이 존재하며, 어떻게 하느냐에 따라 수백·수천의 결과를 이끌어낼 수 있는 변화무쌍한 영역이다. 추상적인 사고력과 철학이 없는 수학은 상상할 수도 없다.

우리를 둘러싼 모든 것들이 수학적이라는 것은 유명한 사실이다. 우리는 일상생활을 영위하기 위해 계산을 하고, 가설을 세우고, 증명을 하고, 공식을 만들고, 의사결정을 하며, 자신도 의식하지 못한 채 복잡한 방정식과 함수를 풀기도 한다. 그런 행위는 계산을 하는 것 이상의 힘을 필요로 한다. 문제를 해결하기 위해 알고리즘(algorism/algorithm, 어떤 단계를 통해 문제를 해결해나가는 과정이나 방법)을 파악하는 능력, 문제의 핵심을 꿰뚫어볼 수 있는 통찰력, 때때로 장벽을 무너뜨릴 만한 기발한 상상력을 필요로 한다. 단 한마디로 말하자면, 바로 '직관'이 필요한 것이다.

비옥한 토양이 있는 강가를 중심으로 문명이 발생한 것은

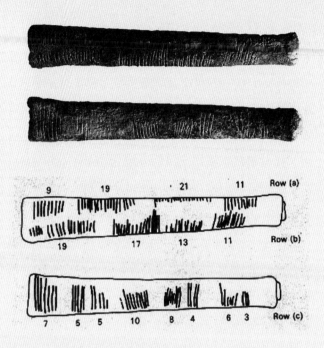

콩고 민주 공화국의 이상고 지역에서 발견된 인류 최초의 계산기라 할 수 있는 '이상고 뼈
(Ishango bone)'다. 뼈에 흠을 내서 숫자를 기입했는데, 숫자들은 일정한 규칙을 가진 수열
형식을 취하고 있다. 2만 2,000년 전의 것으로 추정하고 있다.

기원전 3500년경이지만, 인류는 그보다 훨씬 오래전부터 기초적인 수를 셀 수 있었다. 원시인들은 사냥한 짐승의 수를 세거나 사람의 수를 세기 위해 돌이나 동굴의 벽을 긁어서 표시했다. 이것이 일 대 일 대응의 시작이었는데, 양 한 마리에 돌 하나씩을 대응시켜서 수를 파악하는 방법을 썼다. 인류는 양 두 마리와 돌 두 개의 수가 같고, 그것이 숫자 '2'와도 같은 의미라는 사실을 깨달을 때까지 수천 년의 세월을 머리를 쥐어짜며 보내야 했다.

요즘 아이들은 일부러 가르치지 않아도 수학으로 가득한 세상을 살아가면서 자연스럽게 수학적 개념을 갖게 된다. 인류가 오랜 세월을 통해 어렵게 얻은 직관을 현대의 아이들은 한순간에 터득할 수 있게 되었다.

유한한 존재의 무한을 향한 도전

: 큰 수에 대한 고대인의 생각

헤아릴 수 없을 정도로 어마어마하게 큰 수를 말할 때 사람들은 이렇게 이야기한다.

"밤하늘의 별만큼, 바닷가의 모래알만큼 많다."

사람들은 일찌감치 모래알을 세는 것은 불가능하다고 생각했다. 그리스인들이 셀 수 있었던 가장 큰 수는 1만(무리아스, murias)이었고, 그 이상의 수를 세는 것은 신과 통하는 전능한 수에 대한 도전이라고 여겨서 두려워했다.

그리스인들과 달리 인도와 바빌로니아, 이집트, 중국 등에는 큰 수에 대한 열정과 호기심을 가진 사람들이 많았다. 중국에서는 십진법에 근거한 거듭제곱을 통해 수를 확장시켰고, 수에 멋진 이름까지 지어주었다. 오늘날 우리가 쓰고 있는 일·십·백·천·만·억·조 등이 바로 그것이다. 이외에도 공허*(10^{-20}), 찰나*(10^{-18}), 순식*(10^{-16}), 모호*(10^{-13}), 불가사의*(10^{64})란 단어는 모두 수의 이름에서 나왔다. 이렇게 복잡한 수들을 세고 이름을 붙이는 일은 지금까지도 계속되고 있다. 아직까지 우리가 세지 못한, 이름을 붙이지 못한 수들이 존재한다는 건

공허(空虛, 10^{-20})

아무것도 없이 텅 비어 있음

찰나(刹那, 10^{-18})

순식간에 지나가는 매우 짧은 순간

순식(瞬息, 10^{-16})

눈을 한 번 깜빡이거나 숨을 한 번 쉬는 만큼의 짧은 시간

모호(模糊, 10^{-13})

분간하기 힘들 만큼 짧은 시간

불가사의(不可思議, 10^{64})

사람의 생각으로 헤아릴 수 없을 만큼 큰 수

흥미로운 일이다.

수에 대해서만큼은 소심했던 그리스인들 중에서 단연코 돋보이는 이가 있었으니, 그의 이름은 아르키메데스(Archimedes, 기원전 287?~기원전 212)다.

'1만 이상의 수, 분명 우리가 세지 않았던 더 큰 수가 있을 것이다. 수는 끝없이 계속되고 있지만, 모래알의 수는 유한해서 얼마든지 헤아릴 수 있다.'

아르키메데스는 $10^8 \times 10^8 = 10^{16}$, $10^{16} \times 10^{16} = 10^{32}$, $10^{32} \times 10^{32}$ $= 10^{64}$……과 같이 수를 거듭제곱 형식으로 확대해서 결국 $10^{800000000}$(1period)까지 셀 수 있었는데, 별들이 고정된 천구를 채우는 데 필요한 모래알의 수는 1period에 훨씬 못 미치는 10^{63}이라고 밝혔다. 모래알의 수는 동양에서도 셈했는데, 항하사*(10^{52})라고 불리며 한자의 뜻을 풀이하면 인도 '갠지스 강의 모래알 수'란 의미다.

모래알의 수에 대한 이야기는 성경에도 나온다.

항하사(恒河沙, 10^{52})

인도 갠지스강의 모래알을 합한 수

로마 병사에게 죽음을 맞는 아르키메데스를 묘사한 그림. 아르키메데스는 르네상스 시대의
레오나르도 다빈치에 버금가는 인물이었다. 철학과 수학, 과학, 공학 등의 분야에서 큰 업적
을 남겼으며, 생활의 편의를 도모하는 각종 발명품과 전쟁에 쓰일 병장기와 무기를 만들어내
기도 했다. 그리스를 침략한 로마 병사에게 계산을 할 수 없으니 햇빛을 가리지 말라고 따졌
다가 죽음을 맞았다는 일화가 전해진다.

내가 네게 큰 복을 주고 네 자손이 크게 번성하여 하늘의 별
과 같고 바닷가의 모래와 같게 하리니……

_창세기 22:17

만약 하느님이 아담에게 한 이 약속이 비유적 표현이 아니
었다면? 인간의 수명이 유한하다고 해도 지금보다 훨씬 훨씬
훨씬 더 많은 사람이 생겨날 것이고, 지구가 발 디딜 틈 없이
꽉 찰 테고, 그러기도 전에 인류에 큰 재앙이 닥쳐왔을 것이
다. 성경 구절이 '네 자손을 10^{63}명까지 번성시키겠다'가 아니
라서 정말 다행이다.

'모래알을 세어서 무엇에 쓸꼬?'

그런 걱정은 붙들어놓으시길. 만약 그리스 시대의 수학자
들이 보통의 그리스인들과 같은 생각에 머물렀다면 인류의
발전은 멈췄을지도 모른다. 그리고 모래를 계산하겠다고 나선
아르키메데스의 직관이 인류의 수 개념을 무한한 우주로 날
려 보냈다.

상상력조차 가닿을 수 없는
무한의 세계

: 검색 엔진 구글 이야기

아르키메데스 시절로부터 길고 긴 세월이 흐른 1938년의 어느 날, 미국의 수학자 캐스너*가 어린 조카에게 물었다.

"시로타, 어마어마하게 큰 수가 뭐라고 생각하니?"

그러자 시로타는 칠판에다 0을 백 개쯤 썼다.

10000000000000000000000000000000000000000……

에드워드 캐스너 Edward Kasner, 1878~1955

미국의 유대계 수학자. 기하학 분야에 공헌했으며, 수의 무한성을 상징하는 구골플렉스라는 개념을 도입했다. 미국 컬럼비아 대학교 과학 분야의 첫 유대인 교수가 되었다.

"정말 어마어마한 수로구나. 근데 뭐라고 읽어야 할지 모르겠다."

"이건 구골이라고 하는 거예요."

캐스너는 자신의 저서 『수학과 상상(Mathematics and the Imagination)』에서 10의 100제곱을 '구골(Googol)'이라고 명명했고, 10의 구골 제곱, 즉 10^{googol}에는 '구골플렉스(googolplex)'라는 이름을 붙였다.

$$10^{100} = 1googol$$
$$10^{googol} = 1googolplex$$

구골은 어려운 수학 공식을 전혀 모르는 천진한 어린이의 상상력에서 나왔다. 구골과 같이 큰 수를 만들고 이름을 붙이는 게임은 누구라도 끝없이 계속할 수 있을 것이다. 어린아이가 만든 구골이라는 수는 무한을 인식하는 도구로 사용되지만, 아무리 1억 구골, 1,000억 구골을 만든다고 해도 무한에 다다르기는 매우 어렵다.

『코스모스』*라는 저서로 우리에게 친숙한 과학자 칼 세이건(Carl Edward Sagan, 1934~1996)은 "구골과 무한의 차이는 1과 무한의 차이와 같다"라고 말했다. 제아무리 구골이라고 해도 무한이라는 '번데기' 앞에서는 주름을 잡을 처지가 못 되는 것이다.

구골은 인터넷 검색 엔진 구글(google)의 어원이기도 하다. 구글에서는 인간이 감당할 수 없을 만큼 많은 정보들이 매순간 확대 재생산되고 있지만, 그럼에도 불구하고 아직까지 그 정보의 수는 모래알의 수에도 미치지 못한다.

코스모스 COSMOS

코스모스란 질서와 조화를 이루고 있는 우주와 세계를 이르는 그리스어다. 피타고라스학파가 처음 이 말을 사용했다. 칼 세이건의 역작 『코스모스』는 과학 다큐멘터리로 먼저 만들어졌으며, 칼 세이건은 이 프로그램에서 해설을 맡았다. 이후 책으로 옮겨진 『코스모스』는 인간의 상상력조차 가늠기 힘든 무한한 우주를 여행하며 우주 탄생의 비밀을 추적하고 있다.

수학은 이야기를 통해 표현된다

: 문학적 상상력과 수학적 메타포

산과 계곡을 넘어 들판과 강을 넘어

나는 사라지리 바람처럼 흩날리리

아, 모든 것은 오직 한 번만 일어나는 법

하지만 한 번은 모든 것이 일어나야 하는 법

_마하엘 엔데, 「끝없는 이야기 / 네버엔딩 스토리」에서

수학적 상상력이 가장 멋지게 표현된 분야는 바로 문학이다. 소설가들은 시간과 공간 그리고 무한에 사로잡혔다. 수학과 문학이 통한다는 것을 보여주는 사례는 얼마든지 있다.

우리의 마음을 설레게 하고 온갖 환상을 심어준 놀라운 작

가 미하엘 엔데(Michael Ende, 1929~1995)는 '글을 쓰는 작가가 아닌, 꿈을 쓰는 작가(Traumsteller)'라는 영광스러운 평가를 받은 사람이다. 미하엘 엔데는 초현실주의 화가였던 아버지 밑에서 어려서부터 자연스럽게 신화, 철학, 종교학, 연금술 등에 대해 견문을 넓힐 수 있었던 모양이다.

그의 유고작으로 알려진 미완성 작품 『망각의 정원(Der Niemandsgarten/The No Man's Garden)』의 마지막 문장은 다음과 같다.

꽃무늬 부인은 이제 소피헨을 다시 찾을 수 있다는 것을 알았다.

그것은 끝이 아닌 시작이다. 엄청난 모험과 행복한 결말을 예고하고 있다. 누구나 상상할 수 있도록 문을 활짝 열어놓고 그는 이 세상에 마지막 인사를 했다.

이 이야기의 끝을 맺지 못하고 다른 차원으로 사라진 작가. 우리의 미하엘 아저씨가 위암으로 1995년 9월 1일에 돌아가셨다는 것은 세상 사람들이 하는 말이다. 그는 언제나 자신이 만든 세계 속에서 살아 숨쉬고, 4차원의 신기한 공간에서 새로운 이야기를 만들며 아이들을 기다리고 있을 테다.

그의 이야기는 '네버엔딩 스토리(Never Ending Story)'라는 제목처럼 무한히 이어진다. 『거울 속의 거울』은 거울 속에 거울, 그 속에 거울, 그 속에 거울…… 이렇게 무한히 반복되는 세계에 대한 이야기다.

미하엘 엔데와 마찬가지로, 아르헨티나 작가 보르헤스(Jorge Luis Borges, 1899~1986) 역시 수학적 메타포(metaphor, 어떤 상황이나 물건 등의 특징을 드러내기 위해 그와는 직접적으로 상관없는 말로 대체하여 암시적으로 표현하는 기법)에 심취했던 작가로 유명하다.

끝없이 반복되는 공간 그리고 교차되는 시간, 차원의 문제, 무한에 다다르기 위한 끝없는 움직임……. 문학 작품 속에서는 아킬레스처럼 다다를 수 없는 거북이를 향해 끝없이 달려가는 인간의 모습들이 나온다. 특히 무한만큼 풍부한 상상력을 자극하는 분야도 없다.

그것은 다른 개념들을 타락시키고 불순하게 만드는 개념이다. 나는 지금 악에 대해 말하고 있는 것이 아니다. 악의 제국은 윤리학과 맞닿아 있다. 내가 말하는 것은 무한 개념이다.

_호르헤 루이스 보르헤스, 「거북의 현신들」에서

수학이 상상력을 필요로 하며, 참을 수 없이 감성적인 학문이라는 점은 두말할 필요도 없다. 수학자들 중에는 문학 작품을 읽는 것을 시간 낭비라고 여기는 이들도 있었지만, 문학적 감성을 갖춘 수학자들도 많았다.

예전의 수학자들에게는 편지 쓰기가 중요한 일 중의 하나였다. 수학사의 중요한 장면에는 늘 편지가 있었다. 수학자들에게 편지는 논문만큼이나 중요한 표현 수단의 하나였다. 편지 때문에 불미스러운 일이 생기기도 했다.

로버트 훅*이라는 수학자는 빛과 중력에 관한 편지를 뉴턴과 주고받았다. 훅은 『프린키피아(Principia)』(1687)를 출판하려는 뉴턴에게 찾아가 자기와의 서신을 통해 연구의 중요한 아이디어를 함께 생각했음을 밝혀달라고 부탁했지만, 그는 뉴턴을 만나보지도 못하고 쫓겨났다.

갈루아가 죽기 전날 11시간 동안 썼던 것도 편지다. 그것은 수학적 발상으로 가득 찬 빛나는 유서였다. 계산에만 능통하

로버트 훅 Robert Hooke, 1635~1703

탄성 법칙과 빛의 회절 현상, 세포를 발견하는 등 다방면의 과학 분야에 업적을 남긴 영국의 과학자다. 세포 연구를 통해 얻은 지식으로 찰스 다윈 이전에 진화론을 지지하기도 했다. 행성 운동에 관한 의견을 아이작 뉴턴에게 제안하였고, 뉴턴은 훅의 의견에 약간의 수정을 가해 수용하였다. 하지만 자신의 업적을 제대로 인정받지 못하자 뉴턴과 논쟁을 벌였다.

고 글을 쓸 수 없다면 불가능한 일이었다.

나는 여기에 빛과 어둠을, 혹은 그것들이 상징한다고 생각되는 바다와, 바다를 비추는 산의 정신을 표현했다. 빈 심연과 음울한 사막이 0을 나타낸다면, 신의 정신과 빛은 매우 강력한 1을 나타낸다.

이것은 어느 작가의 글이 아니라, 수학자 라이프니츠가 이진법에 대해 쓴 글이다.

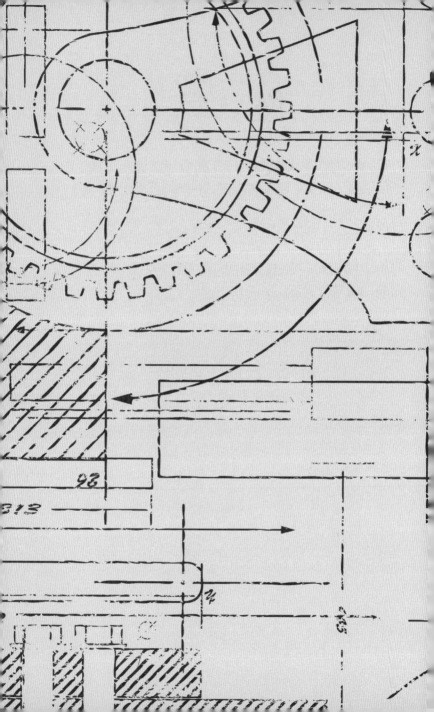

CHAPTER **2**

세상의 금기를
무너뜨린 수학자들

태양이 지구를 도는가, 지구가 태양을 도는가?
무리수를 발견하다
수학의 역사 속에서 일어난 가장 잔인한 사건

고대에는 수(數)를 신성시하는 사람들이 많았다. 피타고라스학파의 수에 대한 경외는 종교적인 열망에 가까웠다. 터부와 금기가 많았던 시대에도 진리를 향한 도전은 멈추지 않았고, 몇몇 수학자들은 자신을 희생하면서까지 수의 비밀을 파헤쳐나갔다.

태양이 지구를 도는가, 지구가 태양을 도는가?

: 천체의 움직임에 관한 생각의 역사

이떤 분야의 역사에나 비운의 삶을 살다 간 영웅들이 있기 마련이다. 수학사도 마찬가지다. 자신이 아는 것을 말했다가 사는 게 힘들어진 사람들이 있다.

기원전 5세기 무렵의 아낙사고라스(Anaxagoras, 기원전 500?~ 기원전 428?)도 그런 인물이다. 아낙사고라스는 『자연에 관하여』라는 책을 썼는데, 아테네 사람이면 누구나 싼 값에 구할 수 있어서 인기가 많았다. 해가 곧 신이라고 믿었던 그 시절, 아낙사고라스는 우주의 본질이 무엇인지 탐구하다가 해에 대해 중대한 사실을 깨달았다.

"태양은 신이 아니다. 펠로폰네소스반도만한 크기의 붉고

뜨거운 돌덩이일 뿐이다. 달은 스스로 빛을 내는 것이 아니라 햇빛을 받아서 빛나고 있는 것이다. 달도 지구와 마찬가지로 하나의 땅에 불과할 뿐, 자기 혼자 빛나는 존재가 아니다."

아낙사고라스는 그러한 생각을 혼자 간직하지 않고 만천하에 발표하고 말았다. 해가 불타는 돌덩이이며 달이 빛을 내지 못하는 땅덩어리라니! 그는 잔소리꾼들의 입에 오르내렸고, 곧 감옥에 갇히고 말았다. 신을 모독하고 불경을 저지른 죄로.

아낙사고라스는 깜깜한 감옥 안에서 하루 종일 갇혀 있었지만, 전혀 심심하지 않았다. 『플루타르크 영웅전』*에는 아낙사고라스가 감옥 속에서도 어려운 수학 문제를 푸느라고 정신없이 바빴다고 적혀 있다. 원을 똑같은 넓이의 정사각형으로 바꾸는 문제를 풀고 또 풀었다고 하는데, 이 문제는 그 후로도 2,000년 동안 많은 수학자들을 괴롭혔던, 일명 '수학의 난제들' 중의 하나였다.

플루타르크 영웅전 Lucius Mestrius Plutarchus

고대 그리스의 철학자이자 역사학자였던 플루타르코스(Plutarchos, 46?~120?)가 펴낸 250여 권의 저술 가운데 가장 대표적인 작품이다. 한니발, 카이사르, 알렉산드로스, 폼페이우스 등의 고대 영웅들에 대한 이야기를 아름다운 문체로 서술했다. 고대 유럽의 전쟁사와 정치사를 이해하는 데 도움을 준다.

이쯤에서 슬슬 이런 생각도 들 것이다. 원을 왜 쓸데없이 정사각형으로 바꾸려고 할까? 정말 수학자들은 못 말려.

아낙사고라스는 동료들의 도움으로 출옥할 수 있었는데, 그를 속상하게 한 것은 감옥에 갇혀 있었다는 사실이 아니라 감옥 안에서 문제를 다 풀지 못하고 나왔다는 것뿐이었다. 아낙사고라스는 큰 소리로 떠들 수는 없었지만, 밤마다 이렇게 중얼거렸다.

"해는 불타는 돌덩이! 달은 빛이 없는 땅덩어리!"

키득키득 몰래 웃으며 아낙사고라스는 깊은 밤의 여행을 떠났을 것이다. 그는 꿈꾸었을 것이다. 불타는 돌덩이를 걷어차는 꿈을, 달나라 토끼들과 수학 문제를 푸는 꿈을.

행성은 영어로 'planet'이라고 하는데, 이것은 '방랑자'를 뜻하는 그리스어에서 나왔다. 언어를 통해 우리는 그리스인들이 밤하늘을 바라보며 경외감을 갖고, 하늘의 움직임에 대해 관심을 기울였다는 사실을 알 수 있다.

피타고라스와 에라토스테네스(Eratosthenes, 기원전 274?~기원전 194?)는 지구가 둥글다는 사실을 알고 있었다. 2세기경의 프톨레마이오스(Claudius Ptolemaeos, 83?~168?)는 13권으로 이루어진 『알마게스트』*에서 그리스 천문학을 집대성했다. 에우독소스

(Eudoxus of Cnidus, 기원전 400?~기원전 350?)가 제안한, 지구를 중심으로 둥근 행성들이 운동하고 있다는 사상이 프톨레마이오스에게로 이어진 것이다.

헤라클레이토스(Heraclitus, 기원전 535?~기원전 475?)는 지구가 자전한다는 놀라운 생각을 했다. 하지만 이런 생각은 그리 주목받지 못했다. 심지어 아리스타르코스(Aristarchos of Samos, 기원전 310?~기원전 230?)는 지구가 태양을 중심으로 돈다고 생각했다. 이런 아이디어는 중세 암흑기 동안 거의 사장되었다가 16세기 코페르니쿠스(Nicolaus Copernicus, 1473~1543)에 이르러 꽃을 피우게 된다.

엉뚱한 생각이라고 모두 쓸모없는 게 아니다. 옛날 옛적 아낙사고라스가 "태양은 불타는 돌덩이"라고 엉뚱한 말을 했을 때 모두가 손가락질을 했지만, 그의 말은 사라지지 않고 역사의 켜 속에 남아 인류의 사상과 우주관에 영향을 끼쳤다.

하늘을 바라보던 조상들은 이미 오늘날과 같은 과학 혁명

알마게스트 Almagest

원전은 서기 150년에 고대 그리스의 천문학자 프톨레마이오스가 천동설에 학문적 바탕을 두고 지은 『천문학 집대성』이다. 이것을 서기 827년 아랍의 학자들이 번역하면서 프톨레마이오스에게 경의를 표하기 위해 '알마게스트'라는 이름을 붙였다. 알마게스트는 '최대의 서(書)'라는 뜻이다. 코페르니쿠스의 지동설이 등장하기 전까지 유럽 천문학의 '성서'로 받아들여졌다.

의 시대를 예감하고 있었을지도 모른다. 그들은 예언자처럼 되뇌었을 것이다.

"언젠가는 우주의 신비가 밝혀질 날이 올 것이다. 그때가 되면 사람이 우주의 모습을 눈으로 직접 볼 수 있을 것이다."

무리수를 발견하다

: 피타고라스학파의 이단아, 히파소스

감추어야 할 사실을 말했다가 비참한 최후를 맞이한 사람도 있다.

피타고라스학파에 들어가려면 이런 규칙을 지키겠다고 서약을 해야 했다.

1. 피타고라스학파에 대한 것은 어떤 것도 입 밖으로 이야기해서는 안 된다.
2. 연구한 것은 개인의 것이 아니고 피타고라스학파의 것이다.
3. 모든 것을 비밀에 부치고 이를 어길 시 엄한 벌을 받는다.

피타고라스학파(Pythagoreans)는 기원전 6세기 전반에 피타고라스가 창설한 고대 그리스 철학의 학파다. 수학을 통한 과학과 천문학, 음악 이론 분야에 업적을 남긴 학술 단체이면서 연구 활동을 통해 혼을 정화하고 구제하려는 성격을 지닌 종교 집단이기도 했다. 기원전 5세기 후반을 전후하여 학파가 붕괴되었지만 그들의 사상과 학문은 플라톤을 비롯한 후대의 학자들에게 지대한 영향을 끼쳤다. 위의 그림은 떠오르는 태양을 바라보며 음악을 연주하는 피타고라스학파를 묘사한 것이다.

가끔 이런 궁금증이 생긴다.

'피타고라스의 서약을 어긴 사람은 어떻게 되었을까? 진짜로 무서운 벌을 받았을까?'

피타고라스학파는 수를 신성하게 생각했다. 그중에서도 1, 2, 3, 4, 5…… 등등의 자연수는 만물을 지배하는 수로 가장 아름답다고 생각했다. 자연수는 만물의 구성 원소로, 이성, 정의, 사랑, 건강, 결혼 등과 같은 개념도 자연수로 표현할 수 있었다. 피타고라스학파는 수의 신비주의에 흠뻑 빠져 있었으므로, 자연수 외의 수는 사악한 것으로 간주했다.

모든 수에는 의미가 있었다. 1은 가장 존경받는 이성(理性)의 수였으며, 2는 여성, 3은 남성, 4는 정의, 5는 결혼, 6은 창조를 의미했다. 이런 수 사이의 관계를 터득한 사람만이 피타고라스학파에서 인정을 받을 수 있었고, 남을 가르칠 수 있는 자격이 주어졌다.

그런데 피타고라스학파 내에서 쉬쉬하며 숨기고 싶은 비밀을 폭로해버린 사람이 있었다. 침묵을 맹세하고 커튼 밖에서 겨우 수업을 들을 수 있었던 청강생 히파소스*라는 사람이었다. 그는 자연수 외에는 수 취급도 하지 않는 피타고라스학파에 대항하여 "무리수도 수다!"라고 주장했던 것이다.

수에는 무리수와 유리수가 있는데, 무리수는 분수로도 나타낼 수가 없어 특별한 기호로 표시되는 수를 말한다. 피타고라스학파는 무리수가 길이를 나타낼 수 없으므로 수가 아니라고 생각했다.

피타고라스의 정리는 직각삼각형의 규칙을 발견하고 정리한 것이다. '직각삼각형에서 직각을 낀 두 변의 길이의 제곱의 합은 빗변의 길이의 제곱과 같다. 즉, 빗변의 정사각형의 넓이는 다른 두 정사각형의 넓이의 합과 같다'를 말한다. 식으로 나타내자면, $a^2+b^2=c^2$으로 표현할 수 있다.

피타고라스의 정리는 그리스 이전 이집트, 인도, 중국의 사람들도 어렴풋이 알고 있었다. 수학 공식에 대해서는 몰랐지만 나름대로 실속 있게 사용했다. 이집트 사람들은 밧줄에 매듭을 지어서 삼각형을 만들어 땅을 측정하는 데 썼다. 그들은 직각삼각형을 만드는 데 밧줄 매듭 세 개와 네 개, 다섯 개가 필요하다는 사실을 알았다. 그러나 매우 단순한 수준이었

히파소스 Hippasus, 기원전 530?~기원전 480?

이탈리아 출신의 피타고라스학파 철학자이자 수학자다. 스승인 피타고라스의 이름이 붙은 '피타고라스의 정리'를 두 변의 길이가 각각 1인 직각삼각형에 적용하여 $\sqrt{2}$라는 빗변의 값을 얻었다. 이로써 최초로 무리수를 발견하게 된다. 하지만 히파소스의 이 발견은 자연수를 만물의 근원이라고 믿는 피타고라스학파의 신조에 어긋나는 이단 행위였다.

고, 이것을 발전시켜 처음 수학적으로 증명한 사람들은 피타고라스학파였다.

수학에선 누가 발견하고 발표했는가를 아주 중요하게 여긴다. 이 정리는 피타고라스학파가 증명해냈기 때문에 '피타고라스의 정리'로 알려지게 되었다. 만약 탈레스*가 먼저 이 사실을 알렸다면 '탈레스의 정리'가 되었을지도 모르는 일이다.

히파소스는 피타고라스의 정리에 의해 분명히 직각삼각형의 빗변의 길이를 무리수 $\sqrt{2}$로 표시할 수 있거늘, 무리수가 수가 아니라고 말하는 피타고라스학파의 주장을 이해할 수가 없었다.

어느 날, 히파소스는 용감하게 외쳤다.

"무리수도 수입니다!"

일개 청강생의 폭탄선언에 피타고라스학파 사람들은 술렁이기 시작했다. 비밀리에 지켜온 그들의 성역이 와장창 무너지는 순간이었다. 히파소스는 무서운 심판이 기다리고 있다

탈레스 Thales of Miletus, 기원전 624?~기원전 545?

역사적 문헌에 나타나는 그리스 최초의 철학자다. 그리스의 식민지인 밀레토스에 태어났고, 상업으로 큰 재산을 모은 뒤 이집트에 건너가 수학과 천문학을 익혔다. 그리고 이집트의 실용적인 지식을 바탕으로 최초의 기하학을 확립했다. 만물의 근원을 물이라고 본 탓에 '물의 철학자'라고도 불린다.

는 사실도 모른 채 "임금님은 벌거벗었어요"라고 외치는 아이처럼 신나서 소리쳤다.

"피타고라스의 정리를 보면 쉽게 알 수 있는 사실인데, 그게 무슨 큰 비밀이라도 됩니까?"

잠시 후 "저자를 잡아라!" 하고 누군가 소리를 질렀고, 사람들은 히파소스에게 우르르 달려들었다. 그들은 겁에 질린 히파소스를 배에 싣고 바다 한가운데 가서 풍덩 던져버렸다. 그리고 속삭였다.

"쉿, 이 모든 일은 영원히 비밀이야!"

수학의 역사 속에서 일어난
가장 잔인한 사건

: 진리를 위해 목숨을 버린 여성 수학자, 히파티아

가장 잔인하게 희생된 수학자로는 최초의 여성 수학자로 이름을 남긴 히파티아(Hypatiá, 355?~415)를 꼽을 수 있겠다.

5세기 무렵 알렉산드리아에 테온(Theón of Alexandria, 335?~405?)이라는 수학자가 살고 있었는데, 그는 유클리드(Euclid, 기원전 300년경에 활동한 고대 그리스의 수학자)의 『기하학 원론』 교정본을 만들고 디오판토스(Diophantus of Alexandria, 그리스의 수학자로 생몰 연대는 미상이다)의 『산술』에 주석을 단 사람이었다. 그에게는 히파티아라는 딸이 있었다.

테온은 딸이 어릴 때부터 지나치게 호기심이 많고 총명한 것이 늘 마음에 걸려서 딸에게 주의를 주고는 했다. 하지만 아버지를 닮아 학자 기질을 타고난 딸의 탐구욕은 나날이 커져만 갔다. 테온은 하는 수 없이 딸의 재능을 키워야 한다고 생각하고 직접 가르치게 되었다.

히파티아는 자라면서 철학·수학·의학 분야에서 두각을 나타내기 시작했다. 그녀는 어른이 되어 알렉산드리아의 수학 교사로 일하게 되었고, 뛰어난 실력으로 곧 알렉산드리아에서 가장 성공한 여성이 되었다. 그녀는 누구보다 열심히 수업을 했고, 수학 연구를 게을리 하지 않았다. 여성이라는 이유로 사람들이 자신을 신뢰하지 않을까 봐 실력을 더 키우려고 노력했다.

남자들이 청혼했을 때, 히파티아는 말했다.

"나는 진리와 결혼했습니다."

히파티아는 여자임을 떠나서 진리를 사랑하는 한 사람의 수학자였을 따름이었다. 그런데 그녀를 못마땅하게 생각하는 무리들이 있었다. 바로 광적인 종교인들이었다.

제자들과 동료들이 히파티아에게 몸조심하라고 충고하기에 이르렀다. 그러나 히파티아는 자신은 잘못한 것이 없으니 숨을 이유가 없다면서 더욱 당당하게 살았다.

히파티아는 기하, 대수, 천문학에 관한 책을 썼다. 그녀는 유클리드 기하학과 정수 방정식을 푸는 것에 매진했고, 아폴로니우스(Apollonius of Perga, 기원전 262?~기원전 190?)의 원뿔곡선론에 관한 훌륭한 논문을 썼다. 행성의 움직임을 관측할 수 있는 기계와 소변의 비중을 측정하는 소변 측정기를 고안하기도 했다. 이는 이뇨제를 적당하게 사용해 병을 고치는 데 큰 도움이 되었다.

히파티아는 우리 아마추어 수학자들에게 이런 조언을 해 준다.

"생각할 권리를 마음껏 누려라. 잘못 생각하는 것이 전혀 생각을 하지 않는 것보다 더 낫다."

그러던 어느 날, 히파티아는 수업을 마치고 돌아가던 길에 위험한 순간을 맞이하게 된다. 한 무리의 군중이 달려들어 미친 사람들처럼 그녀를 할퀴고 물어뜯기 시작했다. 사람들은 그녀를 불에 태워버렸다. 아마도 수학의 역사상 가장 소름끼치고 잔인한 순간이 아닐까 한다.

영국의 역사가 에드워드 기번(Edward Gibbon, 1737-1794)은 이렇게 상세하게 묘사했다.

신성한 사순절의 어느 운명의 날, 히파티아는 마차에서 끌어

로마 제국에 의해 기독교가 국교로 공인된 뒤 그리스 사상은 종종 이단으로 내몰렸고, 철학과 수학, 과학 역시 종교 교리에 위배된다는 이유로 배척당했다. 이런 상황 속에서 히파티아는 진리를 추구하는 학자로서의 양심에 따라 연구를 해나갔다. 그녀는 수학과 과학을 실용적으로 활용하는 일에 관심이 많아서 천체를 측정하는 아스트롤라베, 물속을 들여다볼 수 있는 수중 투시경 외에 여러 가지 기구를 고안하고 만들었다. 하지만 히파티아가 지식인들의 모임을 만들고 민중을 대변하는 등의 정치적 행위를 하자, 당시 기득권층은 그녀를 위험인물로 간주하고 잔인하게 살해했다.

내려져 갈기갈기 찢기고 발가벗겨져서 교회까지 끌려갔다. 그러곤 무자비한 광신도의 손에 의해 잔인하게 학살당했다. 그녀의 살점은 날카로운 굴 껍데기로 도려내져 뼈에서 떨어져나갔고, 그녀의 흔들거리는 팔다리는 불태워졌다.

당시는 5세기 무렵이었고 사회는 히파티아에게 그리 호의적이지 않았다. 수많은 사람이 사건을 목격했음에도 불구하고 면밀한 조사도 하지 않은 채 증거가 부족하다는 이유로 히파티아의 사건을 덮어버렸다.

히파티아는 독신을 고집한 데다 무척 아름답고 똑똑한 여자였으므로 사람들은 히파티아를 사악한 여자 혹은 마녀라고 생각했다. 여성이 수학자가 되는 게 참 어렵던 시절이었다.

오랜 세월이 흘러도 상황은 그리 나아지지 않았다. 19세기에도 여성이 수학을 하면 안 된다고 생각하는 사람이 많았다. 여성이 수학을 하면 정신 건강에 안 좋다고 하면서 공부를 하지 못하게 했다. 그래서 19세기 초의 소피 제르맹*이라는 수학자는 자신이 연구한 것을 남자 이름으로 발표해야 했다.

험난한 길을 가야 했던 최초의 여성 수학자는 알렉산드리아의 뿌연 안개 속으로 영원히 사라졌다. 제자 중의 한 사람은 히파티아를 추억하며 다음과 같이 적었다.

그녀는 철학자의 망토를 걸치고 도시의 안개 속을 걸으며 플라톤과 아리스토텔레스에 대해 이야기했다. 사람들은 그녀의 강의를 듣고 싶어 했고, 도시의 행정관들은 그녀와 나라 일을 상담하고 싶어 했다.

현대로 접어들면서 여성은 수학적 세계에서 자유를 얻었으나, 아직도 뿌리 깊은 고정 관념을 버리지 못한 사람들을 가끔 만날 수가 있다. 여자들은 원래 수학을 못한다, 수학은 여자들의 것이 아니다, 라는 구시대적인 생각은 깨끗이 지워 버리기 바란다. 유연한 사고가 수학 공부를 위한 필수임을 잊지 말자.

소피 제르맹 Marie-Sophie Germain, 1776~1831

프랑스의 수학자이자 철학자, 물리학자다. 여성인 그녀는 부모의 반대와 성차별 속에서도 꿋꿋하게 학문을 연구하여 파리 과학 아카데미가 주최한 수학 콘테스트에 논문을 제출하여 수상하기도 했다. 페르마의 정리를 해결하는 데 큰 공헌을 했는데, 후대의 수학자들은 페르마의 정리를 풀기 위해 소피 제르맹의 작업을 기초로 삼았다.

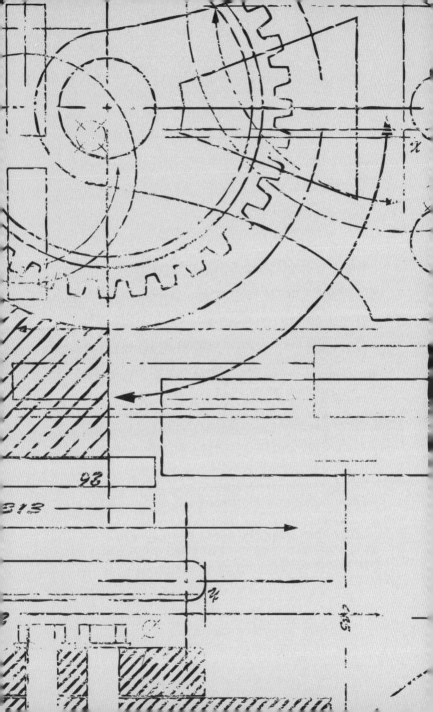

CHAPTER **3**

수학 속에 담긴
괴짜들의 엉뚱한 상상

나일강가에 살며 홍수를 자주 겪었던 이집트인들은 강물이 범람한 뒤에 자신의 땅을 알아내려는 실용적인 목적으로 기하학을 발전시켰다. 여러 가지 고대의 기록은 인류 문명의 이른 시기부터 수학이 발달해 있었으며, 실생활에 매우 유용하게 쓰였다는 사실을 증명한다. 수학이 발전하면서 이제 수학은 수(數)를 넘어 공간을 측정하는 영역으로 옮겨가고 우주의 비밀을 푸는 열쇠로까지 받아들여진다.

최초의 기하학자는
나일강가의 농부였다
: 수학의 발생과 발전

수에 대한 생각이 원시인들의 동굴에서 벗어나 수학이라고 부를 만한 것으로 거듭나기 시작한 곳은 지중해 일대다.

이집트 사람들이 수학을 시작한 것은 순전히 실용적인 목적, 즉 농사를 짓고 장사를 하기 위해서였다. 그들은 기름진 땅이 있는 나일강 근처에 모여서 농사를 지으며 살고 있었는데, 태양이 떠오르기 전에 하늘에 시리우스별(Sirius, 밤하늘에서 인간의 눈으로 확인할 수 있는 가장 밝은 항성)이 나타나면 홍수가 온다는 것을 알고 있었다. 비가 많이 내리면 어김없이 나일강이 범람해서 땅도 집도 몽땅 휩쓸려가기 일쑤였다. 홍수가 땅을 기름지게 만들기는 했지만, 나일강의 범람은 이집트인들에게는 매우 두려운 일 중의 하나였다.

홍수가 지난 후 사람들은 자기 땅이 어디였는지 빨리 알아내야 했다. 자기 땅의 위치를 파악하기 위해 이집트 사람들은 기하학을 할 수밖에 없었다. 기하학은 영어로 지오메트리(geometry)라고 하는데, 이것은 실제로 땅을 측정한다는 뜻이다.

모스크바 파피루스(Moscow papyrus)에는 부피를 셈하는 법이 적혀 있었는데, 이집트인이 불가사의한 건축물 중의 하나인 피라미드를 만들 수 있었던 것은 기하학을 할 수 있었기 때문이었다. 알려지지 않았지만, 최초의 수학자는 나일강가의 이름 모를 농부였던 것이다.

파피루스는 원래 지중해 연안에 많이 자라는 풀의 이름이다. 이집트 사람들은 이 풀을 이용해서 종이를 발명했는데, 이것을 풀의 이름 그대로 파피루스라고 불렀다. 최초의 책은 지금과 같은 모양이 아니고, 파피루스를 둘둘 말아놓은 두루마리 형태였다.

이집트인들은 파피루스마다 이름을 붙여서 구분하기 쉽게 해두었다. 모스크바 파피루스는 지금으로부터 4,000년 전(기원전 1850년경)의 것으로, 여기에는 25개의 수학 문제가 실려 있

모스크바 파피루스에 적힌 수학 문제(위)와 아메스 파피루스(아래). 모스크바 파피루스는 러시아의 고고학자 골레니셰프(Vladimir Golenishchev)가 세상에 알린 파피루스로, 모스크바 박물관에 소장되어 있어서 이런 이름이 붙었다. 기원전 1850년경에 만들어진 것으로 추정하고 있으며, 25개의 수학 문제가 실려 있다.

다. 그로부터 200년 후에 아메스 파피루스(Ahmes papyrus 혹은 린드 파피루스Rhind Papyrus)라는 것이 만들어졌는데, 이것은 아메스란 사람이 이전의 문제들을 잘 베껴놓은 필사본을 말한다. 여기에는 85개의 문제가 적혀 있어서 이 자료를 통해 이집트 기하학에 대해 많은 것을 알아낼 수 있다. 지금도 영국의 영국 박물관에 가면 볼 수 있고, 이외에도 많은 파피루스들이 세계 곳곳의 박물관에 소장되어 있다.

파피루스에 적힌 것들을 제대로 알아보기란 무척 어렵다. 이집트에서는 쐐기 문자와 신성 문자라는 것을 사용했는데, 문자라기보다는 상징적인 그림 혹은 고대의 비밀이 숨겨진 암호처럼 보인다.

이집트에서 꽃피운 문명은 지중해를 건너 이웃 그리스에 전달되었다. 물론 사람들은 생활에 필요했기 때문에 수학을 생각해내고 이용했지만, 그것에 만족하지 않고 철학하는 기쁨 그 자체 때문에 공부하는 사람들이 있었다. 생각하고 깨달아가는 기쁨을 좋아하고, 그 속에서 만족감을 갖는 학자들이 늘어난 것이다.

고대 그리스의 철학자였던 데모크리토스*는 이렇게 말했다. "나는 페르시아 왕국을 차지하는 것보다 사물의 원인을 발견해가는 것이 훨씬 좋다."

그리스의 수학은 이후 역사에 길이 남을 빛나는 학문들을 발전시켜나갔다. 이제 수학을 연구하는 진짜 수학자들이 생겨나기 시작한 것이다.

데모크리토스 Democritos, 기원전 460?~기원전 370?

모든 물질은 눈에 보이지 않는 어떤 알갱이(원자)로 구성되어 있다는 아이디어를 제시함으로써 원자론의 발전에 기여했다. 그에 의하면 만물은 영원히 존재하는 똑같은 형질의 원자가 모였다가 흩어짐으로써 탄생과 소멸을 맞기에 사실상 사라지는 것은 아무것도 없다. 이론보다는 실천을 중시한 윤리관을 확립하기도 했다.

지혜의 순례자 피타고라스

: 피타고라스학파의 탄생

　　고대 수학의 배경이 되는 그리스 시대는 '바다의 시대'라고
해도 좋을 시절이었다. 많은 그리스인들이 배를 타고 자유롭
게 바다를 넘나들었다. 그리스는 무역 도시로서 활발하게 움
직이고 있었고, 이때 많은 상인들이 세상을 돌아다니며 신기
한 문물을 많이 들여왔다. 이집트, 메소포타미아, 바빌로니아
등등의 문화가 그리스에 온 것도 상인들의 공로였다. 바빌로
니아의 해시계, 이집트의 물시계도 들어왔다.

　　그리스인들은 대단히 활동적이고 호기심이 많았다. 그들은
남쪽으로 밀고 내려가 지중해를 술렁이게 만들었다. 로마 제
국으로 인해 소멸되기 전까지 그리스의 문화는 크게 번성해

서 오늘날까지 많은 유물과 이야기를 남겼다. 이때에 처음으로 올림픽 대회가 열렸는데, 우람한 젊은이들이 원반을 던지고 창을 던지고 마라톤을 했다.

인도에서는 부처가, 중국에서는 공자와 노자가 살고 있었으며, 그리스에는 올림픽 권투 챔피언 피타고라스(Pythagoras, 기원전 580?~기원전 500?)라는 청년이 살고 있었다. 피타고라스도 활동적인 그리스인 중의 한 명으로서 탈레스가 그랬듯이 배를 타고 세계를 여행하면서 진기하고 신비로운 것들을 많이 보고 배웠다. 피타고라스는 이집트, 메소포타미아, 바빌로니아를 돌아다니며 수학과 천문학을 공부할 수 있었다.

나는 피타고라스가 동양의 사상을 받아들였다고 생각한다. 탈레스는 실용적인 수학을 많이 했지만, 피타고라스는 동양의 철학자들처럼 수학의 정신적인 면을 강조했기 때문이다. 그는 인도의 종교에 빠져서 산에 올라가 도를 닦기도 했다. 이집트의 신전을 다니며 공부하기도 하고, 바빌로니아에선 점성술을 배우기도 했다. 그가 도사 같은 할아버지가 된 것은 도를 닦고 공부하면서 세상을 돌아다녔기 때문이다.

열여덟 살에 권투 챔피언이 된 후, 무작정 세상을 알고 싶은 욕심에 배를 탔던 피타고라스는 40년 이상 떠돌이 생활을 했다. 청년이 노인이 될 때까지 그야말로 산전수전을 다 겪었다. 전쟁에 시달리기도 하고, 이집트에 있을 때는 페르시아 군인들의 포로로 잡히기도 했다. 그는 힘들게 세상을 떠돌면서 방대한 지식을 갖게 되었고, 점점 더 현명해지고 강인해졌다.

'이제 고향으로 돌아가고 싶다.'

길 떠나는 사람 피타고라스는 노인이 되었을 때 이렇게 생각했다.

그런데 고향 사모스(Samos)섬은 독재자의 통치 아래에 있었으므로, 그는 고향으로 돌아가지 못하고 그리스의 항구 도시 크로토네로 향하는 것에 만족해야 했다. 그래도 그리스 땅을 밟았으니 다행이라고 여기면서.

피타고라스는 그동안 배운 것을 연구하고 제자들을 키우기 위해 그곳 크로토네(Crotone)에서 피타고라스학파를 만들었다.

"지혜를 사랑하는 것을 철학이라고 하고, 배워서 잘 이해하는 것을 수학이라고 한다."

이러한 교훈에 따라 피타고라스는 '철학'과 '수학'이란 말을 처음으로 사용했다. 기하학은 실용성을 떠나 지성을 연마하는 교양으로 변모했고, 종교와도 하나가 되었다. 피타고라스는 자신을 신비하게 감추고 제자들에게도 함부로 모습을 나

피타고라스는 탈레스의 제자이며, 만물의 근원을 수(數)라고 생각했던 그리스의 철학자이자 수학자다. 에게해 사모스섬에서 태어났으며, 어려서부터 장사를 하는 부친을 따라 이집트, 그리스, 이탈리아 등지를 돌아다니며 최고의 교육을 받았으나, 이집트에 체류하던 중에 페르시아의 침략 때 포로가 되어 바빌론에서 12년을 지냈다. 후에 그리스 식민지 크로토네에 정착한 그는 종교적인 성격을 띠는 철학 공동체를 결성하였으며, 이 피타고라스학파는 수많은 철학적·수학적 결실을 맺는 데 큰 역할을 했다. 특히 피타고라스는 당대의 금기를 깨고 여성에게도 가르침을 베풀었다고 전해진다.

타내지 않은 채 베일 안에 숨어서 강의를 했다.

연구 성과는 비밀 창고에 수북이 쌓였고, 이것 중의 일부는 피타고라스의 이름으로 발표되었다. 피타고라스는 대단한 수학자로 추앙받았지만 사실 발표된 것들은 대부분 피타고라스 학파 내의 수많은 젊은 인재들이 연구한 것이었다.

순한 비밀을 가직한 채
사라진 수학자

: 피타고라스의 최후

주변에서 피타고라스학파를 반대하는 사람들이 생기기 시작했다. 그들은 형제애와 종교적 신념으로 똘똘 뭉쳐 비밀 의식을 치르는 것처럼 보이는 피타고라스학파를 못마땅하게 여겼다. 갈등이 심각해지자 그들은 피타고라스의 학교에 불을 질러버렸고, 피타고라스학파는 뿔뿔이 흩어질 수밖에 없었다. 피타고라스 할아버지도 메타폰툼(Metapontum, 이탈리아 남부의 작은 마을)으로 피신했는데, 그곳에서 수많은 비밀을 간직한 채 숨을 거두게 되었다. 열여덟에 무작정 배를 타고 길을 떠났던 청년은 끝내 고향으로 돌아가지 못했다.

피타고라스가 세상을 떠나고 피타고라스 학교가 불에 타서 사라져버렸지만, 피타고라스학파는 그 후로도 오랫동안 지속되었다. 제자들은 황금 분할로 만들어진 오각별*의 상징을 가슴에 품은 채 숨어서 학파를 유지해갔다. 그렇게 피타고라스학파는 150여 년에 걸쳐 모두 218명의 수학자를 배출했다.

오각별과 황금 비율

정오각형의 한 변과, 정오각형의 꼭짓점을 연결해서 만들어지는 별을 이루는 선분 사이의 비율을 '황금 비율'이라고 한다. 황금비는 무리수로 나타나는데 간단하게 소수점 세 번째 자리까지 나타내서 1:1.618로 표현하기도 한다. 이 황금 비율을 접할 때 인간은 무의식적으로 '아름다움'을 느낀다고 한다. 황금 비율을 처음 발견한 사람이 피타고라스였고, 그래서 그의 학파는 오각별을 자기네의 상징으로 삼은 것이다. 황금 비율이 적용된 물건 가운데 우리가 쉽게 접할 수 있는 것으로는 컴퓨터 모니터를 들 수 있다.

수학으로 우주의 비밀을 엿보다

: 피타고라스학파의 우주론

피타고라스학파는 모든 것을 수로 표현할 수 있었다. 그들은 수많은 기하학의 문제들을 증명하고, 음악을 즐기고, 우주에 대해 연구했다. 지구가 돈다는 것을 처음 말한 사람은 유명한 과학자 코페르니쿠스다. 그런데 코페르니쿠스보다 2,000년 앞서 그 사실을 알고 있었던 사람이 있다면 믿을 수 있을까?

피타고라스학파의 한 사람인 필로라오스(Philolaus, 기원전 400년대에 활동한 철학자. 생몰 연대는 미상이다)는 우주의 중심에 거대한 불덩이가 있다고 생각했는데, 그것을 '중심불'이라고 불렀다. 그 불덩이가 가운데에 있고 모든 것이 그 주위를 돌고 있다고 믿었다. 하지만 필로라오스는 그 불덩이가 해라는 사실은 몰

대장간을 지나던 피타고라스가 망치로 쇠를 두드리는 소리를 듣고는 망치의 무게에 따라 음이 달라진다는 사실을 알아냈다는 일화가 있다. 현악기는 현의 굵기와 길이에 따라 음계가 달라지는데, 피타고라스는 여기에 일정한 정수비가 적용된다는 사실을 알아냈다. 수를 신성시했던 피타고라스학파가 음악을 신의 선물이라고 여겼던 이유가 여기에서 드러난다.

랐다. 그는 해도 지구처럼 중심불 주위를 돌고 있을 거라고 추측했다. 그것은 엉뚱한 농담이 아니었다.

피타고라스학파에서는 1, 2, 3, 4 네 수를 더한 10이 완전한 수라고 생각했고, 이 완전한 수가 모든 것의 근본이며 우주를 조화롭게 하는 것이라고 생각했다.

"저 우주 너머에 완전한 그 무엇인가가 반드시 있을 거야."

피타고라스학파는 지구가 중심이라고 생각하진 않았지만, 그 생각은 그 시대의 우주론에서 벗어나는 위험한 것이었으므로 자기들만의 비밀로 간직했다.

'음악처럼 아름다운 화음과 질서 속에 있는 우주, 코스모스!'

코스모스(cosmos)라는 말을 처음으로 사용한 것도 피타고라스학파였다. 혹시 피타고라스 학교에 불이 났을 때, 불현듯 '중심불'이 떠올랐던 것은 아닐까? 그들은 불타고 무너지는 혼란 속에서 이리저리 갈팡질팡하고 도망치면서도 수학 연구에 몰두했는지도 모른다.

"저 무시무시한 불덩이! 아마도 우주의 중심엔 저런 불덩이가 있을 것이다."

까마득한 옛날에 수학을 연구했던 학파가 있었다는 것은

참 대단한 일이다. 지혜를 사랑하고 배우고 싶다는 욕심 하나로 똘똘 뭉쳐 있었지만, 그들은 비밀로 하는 걸 좋아했기 때문에 책 한 권 남겨두지 않았다.

다행히 그들의 연구는 후세에 전해져 훗날 기록으로 남게 되었다. 피타고라스학파의 연구를 발판으로 이후 수학은 놀라운 발전을 하게 되었다. 수학이 전설이 아니라 현실이 되기 시작했던 것이다.

왜 아킬레스는 거북이를 따라잡을 수 없는가?

: 제논의 패러독스에 담긴 시간과 공간의 개념

중국에서는 거북이의 등을 보고 마방진(魔方陣)을 만들었다. 그리스 시대에도 수학에 관련된 거북이가 있다. 아킬레스와 거북이, 즉 제논의 두 번째 역설에 거북이가 등장한다.

제논(Zenon of Elea, 기원전 495?~기원전 430?)은 시골에서 태어나 독학으로 철학을 터득했다. 그는 보따리 하나만 달랑 들고 길을 떠나 엘레아학파*의 창시자인 파르메니데스(Parmenides, 기원전 6세기 후반과 기원전 5세기 초반에 활동한 그리스 철학자)의 제자가 된다.

제논의 이야기는 플라톤의 저서 『파르메니데스』에 자세히 나온다. 『파르메니데스』는 그리스인의 철학과 생활의 면면을 살펴볼 수 있는 작품으로, 지금도 흥미롭게 읽히는 고전 중의 하나다.

제논은 역설을 통해서 여럿을 울린 얄미운 철학자였다. 상대의 논리가 옳다고 맞장구를 쳐놓고선 "하지만" 하면서 상대방의 모순을 파고들어 뒤통수를 살짝궁 때려주는 것이다. 이 때문에 제논은 철학가들 사이에서 인심을 잃었고, 결국 모함을 당해 반역자로 몰렸으며, 왕에게까지 미움을 받아 죽음을 맞이하게 되었다.

사형장으로 끌려가는 날, 제논은 마지막으로 왕에게 할 말이 있다면서 접근해서 왕의 귀를 깨물어버렸다. 병사가 즉시 그의 목을 쳤지만, 제논은 목이 잘리고도 왕의 귀를 물고 늘어졌다고 한다.

이 독하디독한 철학자 제논은 4가지 역설(패러독스Paradox)로 수학사에 뚜렷한 족적을 남겼다.

엘레아학파 Eleatics

기원전 5세기경 이탈리아 남부 엘레아 지역에서 일어난 고대 그리스의 학파다. 날카로운 논리적 사고가 이 학파를 상징하는 대표적인 특징이었다. 파르메니데스와 제논, 멜리소스 등의 인물을 배출했다. 기원전 4세기경 멜리소스를 마지막으로 소멸되었다. 파르메니데스를 이 학파의 창시자로 보는 것이 일반적인 견해이지만, 혹자는 그리스의 방랑 시인 크세노파네스를 엘레아학파의 창시자로 보기도 한다.

제논의 역설

1. 한 지점에서 다른 지점으로 가기 위해선 그 절반이 되는 점을 지나야 한다. 그 점을 지나려면 또다시 절반이 되는 점을 지나야 한다. 이런 식으로 무한히 나눠지는 점을 지나야 하므로 결국 움직인다는 것(운동, motion)은 불가능하다.

2. 제아무리 아킬레스가 빨라도 거북이를 따라잡을 수 없다.

3. 나는 화살은 사실 날고 있지 않다.

4. 어떤 시간은 그 시간의 반과 같으므로, 최소의 단위 시간이란 없다.

이 알쏭달쏭한 역설로 제논은 고대에도 무한과 극한, 수렴 등의 개념을 사용했다는 것을 보여주었다. 제논의 역설은 공간과 시간을 무한히 나눌 수 있다는 것을 보여준다.

첫 번째 역설을 이분법(dichotomy)이라고 부르는데, 이 역설대로라면 우리는 아예 꼼짝도 할 수 없다. 그러나 이 역설은 다행스럽게도 무한한 단계를 거치더라도 유한한 수에 이를 수 있다. 즉, 수렴(convergence)이라는 출구를 마련해두었다.

두 번째 역설은 그 유명한 '아킬레스와 거북이'의 경주다.

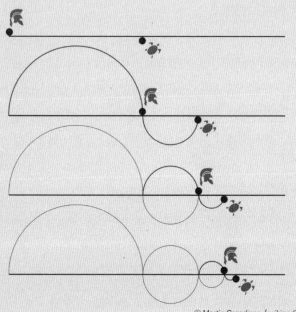

위 그림은 아킬레스와 거북이의 경주를 간단히 도식화한 것이다. 제논의 역설에 의하면, 그림
과 같이 아무리 재빠른 아킬레스라 하더라도 이론적으로는 움직이는 거북이를 절대 따라잡
을 수 없다.

아킬레스는 당대의 유명한 달리기 선수였다. 그런데 제아무리 날쌘 아킬레스라고 하더라도 거북이를 따라잡을 수는 없다. 수학자가 사랑한 거북이를 감히 추월할 수 없기 때문일까? 앞서 달리고 있는 거북이는 아킬레스가 따라잡으면, 조금이라도 전진한다. 때문에 아킬레스는 거북이에게 무한히 다가가지만, 결코 거북이 발밑에도 다다를 수 없다.

옛날이야기 '토끼와 거북이'에서 승자는 언제나 거북이다. 토끼가 중간에 땡땡이를 쳤기 때문이지만, 만약 거북이가 조금 앞서 출발했다면 토끼는 실제로 아무리 열심히 달려도 거북이를 따라잡을 수는 없었을 것이다. 적어도 제논 나라의 토끼와 거북이라면 말이다.

세 번째 역설은 무척 흥미롭다. 제아무리 윌리엄 텔이 쏜 화살이라고 해도 화살은 매순간 정해진 위치가 있으므로, 그 순간마다 그 지점에 정지되어 있기 마련이다. 고로 화살은 결코 움직일 수 없고 사과에 꽂힐 수도 없는 것이다. 화살은 무한히 사과에 다다르기 위해 애쓰겠지만, 사과는 가까이하기엔 무한히 멀다.

영화 〈매트릭스〉의 네오(키아누 리브스)는 날아오는 총알도 피할 수 있다. 이 영화 속의 총알은 매트릭스의 역설을 보여준다. 총알이 발사되고, 무한히 쪼개진 시간의 위치에 총알이 정확하게 고정된다. 그것은 마치 움직이지 않고 있는 것처럼 보이지만, 시간이 흐르면 조금씩 운동을 하고 그 사이에 우리의 영웅은 유연하게 총알을 피한다. 총알은 아무 곳에도 꽂히지 않고 바닥에 떨어지지도 않은 채 어딘가로 끊임없이 전진한다. 매트릭스의 총알은 무한으로 수렴되고 있는 듯 보인다. 영화를 보면 총알이 움직이는 것도 아니고, 움직이지 않는 것도 아닌 상태임을 알 수 있다.

네 번째 역설은 시간의 이분법이라고도 할 수 있다. 서로 반대쪽으로 같은 속도로 움직이는 열 량짜리 기차 두 대가 있다고 하자. 이 기차가 기차역에서 정차하지 않고 지나치다 보면 두 열차가 겹칠 때가 있다. 첫 번째 열차는 두 번째 열차의 다섯 칸만큼 전진했지만, 두 번째 열차의 위치에서 보면 첫 번째 열차의 열 칸만큼 움직인 것이다. 다섯 칸을 움직인 시간과 열 칸을 움직이는 시간이 일치했다. 주어진 시간의 절반은 그 두 배와 같은 것이다.

와우! 제논은 세상 참 머리 아프게 산다. 그러나 제논의 이러한 발상은 대단히 앞서간 것이었다. 그는 역설을 통해서 시간과 공간의 개념, 우리가 인식하는 공간과 실제적인 움직임에 대한 생각을 했다. 이 놀라운 기원전의 수학자 제논은 역설을 통해 무한소*, 무한대, 연속과 극한에 대한 화두를 던졌다. 훗날 많은 수학자들에게 연구 과제를 남겨주었고, 19세기에 이르러 바이어슈트라스, 데데킨트(Julius Wilhelm Richard Dedekind, 1831~1916), 칸토어 같은 수학자들의 무한소 연구에 큰 발판이 되었다. 때론 작은 씨앗 하나가 2,000년 넘어 싹을 피워내기도 한다.

제논의 역설이 잘 이해되지 않는다면, 시를 통해 음미해보는 방법도 있다.

제논, 잔인한 제논! 엘레아의 제논이여!
떨면서 나는, 그러면서 날지 않는
날개 달린 그 화살로 너는 나를 꿰뚫었구나!
화살 소리는 나를 낳고 화살은 나를 죽이는도다!
아, 태양이여…… 이 무슨 거북의 그림자인가.

무한소 無限小, infinitesimal

무한히 작은 수를 말한다. 어떤 양의 실수보다 작은 수 또는 0에 한없이 가까워지는 상태 등을 나타내는 대수학 용어다. 어떤 변수가 0에 한없이 가까워지면 그 변수는 무한소로 수렴한다고 하며, 이를 간단히 무한소라고 말한다.

영혼에게는, 큰 걸음으로 달리면서 꼼짝도 않은 아킬레우스여!

_폴 발레리, 「해변의 묘지」에서

사라져버린 고대 그리스의 기하학 정리

: 에우데무스 요약

피타고라스의 이야기가 처음으로 실린 책은 『에우데무스 요약(Eudemian Summary)』이었다. 여기엔 탈레스에 대한 이야기도 나온다. 이 요약에는 '피타고라스는 탈레스 이후 가장 뛰어난 수학자다'라고 적혀 있었다.

옛날에 아리스토텔레스(Aristotle, 기원전 384~기원전 322)의 제자인 에우데무스(Eudemus of Rhodes, 기원전 370?~기원전 300?)가 그리스 기하학을 총정리한 책을 썼는데, 불행히도 이 책은 5세기 즈음에 어디론가 감쪽같이 사라져버리고 말았다. 그래서 프로클로스(Proclus, 412~485)란 사람이 사라진 그 책의 내용을 요약해서 다시 적었고, 그것이 바로 '에우데무스 요약'

이란 제목으로 남았다. 프로클로스는 5세기 무렵의 사람으로 플루타르크 같은 전기 작가로 많은 역사서를 썼지만, 지금 남아 있는 것은 거의 없다.

프로클로스의 『에우데무스 요약』은 유클리드의 첫 번째 책 머리말에 실렸고, 그리스 기하학이 어떻게 발전했는가를 잘 보여주는 요약으로 내려오고 있다. 에우데무스가 쓴 원본이 사라지지 않았다면 그리스의 기하학에 대해 더 많은 것을 알 수 있었을 텐데, 참 안타까운 일이다.

나는 가끔 에우데무스의 수학책이 지금도 세상 어딘가에 진귀한 보물처럼 숨겨져 있을 것만 같다는 생각을 한다. 누군가 발견해주길 기다리면서 말이다.

고대 인물들에 대한 기록

: 플루타르크 영웅전

피타고라스 이전, 최초의 수학자로 알려진 탈레스는 피라미드의 높이를 재고 일식을 예언한 인물로 유명하다. 그러나 피타고라스와 마찬가지로 그는 전설 속의 인물이며 실존 인물이라는 것을 확신할 수가 없다. 탈레스의 이야기는 그를 스승으로 따르는 수학자들의 입에서 입으로 전해져 나중에 『플루타르크 영웅전』이라는 책에 실려 우리에게도 전해진 것이다.

플루타르크, 즉 플루타르코스는 2세기 무렵의 사람으로 그리스 역사를 연구하는 학자였고, 유명한 전기 작가였다. 그는 그리스 역사에 등장하는 유명한 인물들의 이야기를 책으로 써냈는데, 그것이 바로 『플루타르크 영웅전』이다. 역사를 소

델포이(Delphoe/Delphi)의 아테네 신전이다. 플루타르크는 델포이에서 신탁을 해석하는
사제로 활동하기도 했다.

재로 했지만, 플루타르크는 전혀 딱딱하지 않고 재미있게 이야기를 풀어냈다.

여기에는 그리스 시대를 빛낸 철학자, 정치가, 예술가들의 이야기가 적혀 있다. 알렉산드로스 대왕과 한니발 장군, 수학자 중에는 아르키메데스의 이야기가 흥미진진하게 펼쳐진다. 『플루타르크 영웅전』에는 아르키메데스가 목욕하는 것을 싫어했고, 누가 목욕을 시키려고 하면 장작더미 위에다 기하학 도형을 그리고 기름 바른 몸 위에다 도표를 그렸다고 적혀 있다.

이 책이 없었다면 우리는 수천 년 전의 일들을 자세하게 알 수 없었을 것이다. 그만큼 중요한 역사적 가치가 있는 책으로 오랫동안 많은 사람들에게 읽혔고, 오늘날까지 흥미롭게 읽히고 있다.

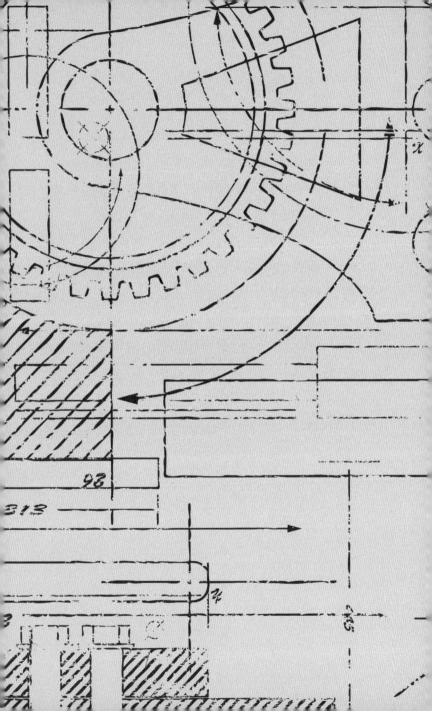

CHAPTER 4

기하학과
방정식의 시대

우리는 고대의 인류 문명이 비교적 덜 성숙했을 것이라고 생각하지만, 그 시기의 문헌과 유적들은 고대에 이미 학문적 풍토가 만연해 있었고 학문을 위한 환경도 발달해 있었다는 사실을 보여준다.

고대 그리스 시대에 철학이 거의 완성되었듯, 수학도 이미 완숙한 경지에 이르러 있었다. 기원전의 수학자인 유클리드가 쓴 『기하학 원론』은 이후 2,000년이라는 시간 동안 기하학의 교과서로 쓰였고, 지금도 그의 이 저술은 여전히 유용하다. 지금은 소실되어버린 당시의 책(파피루스)에는 어떤 내용들이 담겨 있었을지 궁금하다.

고대 지혜의 보고,
알렉산드리아 도서관

: 알렉산드리아로 향한 의문의 사내

기원전 300년경 나일강 하구에 알렉산드리아라는 멋진 신도시가 있었다. 그곳엔 60만 권의 책이 있는 기적의 도서관이 있었는데, 이곳이 바로 아라비아가 몰려오기 전까지 천년 동안 '세상에서 가장 위대한 도서관'으로 불렸던 알렉산드리아 도서관(Library of Alexandria)이다.

사실 그곳에는 책 모양의 책은 한 권도 없었다. 『플루타르크 영웅전』도 둘둘 말린 파피루스였다. 그러니까 알렉산드리아 도서관은 60만 개의 파피루스 두루마리가 있던 도서관이라고 해야 옳겠다.

어느 날, 이 도서관에 한 사나이가 나타났다. 어디서 태어나

알렉산드리아 도서관은 알렉산드리아 박물관과 도서관을 일컫는다. 아테네 도서관이 올린 학문적 성과에 고무된 팔레레우스(Demetrius Phalereus, 기원전 350?~기원전 280?)의 노력으로 기원전 3세기 초 프톨레마이오스 왕조에 이르러 설립되었다. 지중해와 중동, 인도 등지의 학문적·문화적 성과물들을 그리스어로 번역하는 등 전 지구적인 지식과 정보의 창고를 만들려는 이상이 담겨 있었다. 박물관은 로마의 마르쿠스 아우렐리우스 황제 시대에 일어난 내란으로 파괴되었고, 도서관 역시 391년 그리스도교도에 의해 파괴되었다.

서 어떻게 자랐는지, 몇 살이나 되었는지 알 수 없는 알쏭달쏭한 사나이였다. 과거가 어찌되었든 알렉산드리아에 나타난 순간부터 중요한 인물이 된 사나이! 아테네의 플라톤 학교에서 수학을 배웠다는 소문이 있을 뿐 그의 행적을 아는 사람은 아무도 없었다. 이 사나이는 어디에선가 조용히 나타났지만 수학사에 길이 남을 위대한 인물이 되었다. 그는 위대한 도서관에서 위대한 책을 쓰게 될 수학자 유클리드였다.

알렉산드리아는 기원전에 세워진 도시였지만 없는 것이 없는 편리한 계획도시였다. 마케도니아의 알렉산드로스 대왕이 이집트를 정복하고 세운 신도시로, 모두 도로가 반듯하게 나 있고 포장까지 되어 있었다. 건축가들이 만든 훌륭한 공공건물과 공원, 도서관이 도처에 있었다. 이 도시가 얼마나 살기 좋았는지 50만 명이나 되는 사람들이 모여 살았다.

알렉산드로스 대왕이 죽은 후 톨레미(Ptolemy, 프톨레마이오스) 왕이 이집트의 새로운 지도자가 되었는데, 톨레미 왕은 이 멋진 도시를 이집트의 수도로 정했다. 그는 이곳에 알렉산드리아 대학을 세우고 위대한 도서관도 지었다. 이로써 그리스의 지성과 이집트의 신비가 만나 새로운 문화의 중심지가 탄생했다!

톨레미 왕은 이렇게 선포했다.

"지중해 전역의 위대한 학자들은 모두 알렉산드리아로 오시오. 평생 연구만 하면서 편안하게 살도록 보장하겠소."

유클리드도 어딘가에서 이 소문을 들었을 것이다. 이 꿈과 같은 이야기를 듣고 가만히 있을 학자가 어디 있겠는가. 유클리드는 당장 보따리를 챙겨 알렉산드리아로 향했다.

유클리드는 으리으리한 알렉산드리아 대학을 보고 입이 쩍 벌어졌다.

'과연 이곳에서 공부만 하면서 배불리 먹고살 수 있단 말인가!'

톨레미 왕의 이야기는 허풍이 아니었다. 알렉산드리아는 강의실, 실험실, 박물관, 기숙사, 정원 그리고 위대한 도서관이 있던 거대 학술 단지였던 것이다. 알렉산드리아 도서관은 오늘날과 같은 대학의 모습을 갖춘 최초의 연구 기관이었다. 톨레미 왕은 학자들이 좋은 환경 속에서 학문에만 힘쓰도록 세심하게 배려해주었다.

유클리드는 처음에는 이 위대한 도서관의 수학 실장으로 취직했다. 그는 매일매일 열심히 도서관에 나가서 새벽부터 밤까지 파피루스를 읽으며 수학 공부에만 전념했다. 유클리드는 매일 신이 나고 행복했다.

유클리드 기하학과
비유클리드 기하학

: 인류의 가장 오랜 수학 교과서, 『기하학 원론』

어느 날, 유클리드는 고대 그리스의 기하학을 완전히 통달하게 되었고, 말 그대로 '기하학 박사'로 거듭났다. 유클리드는 후세에 길이 남을 유명한 말을 남긴다.

"기하학에는 왕도(royal road)가 없소이다!"

유클리드는 곧 수학과 교수가 되어 학생들을 가르칠 수 있었지만, 플라톤 학교에서처럼 모든 학술적인 연구를 대화로만 풀어내는 것에 한계를 느꼈다. 마침 톨레미 왕이 유클리드에게 새로운 임무를 맡겼다.

"기하학의 기초를 공부할 수 있는 교과서를 쓰시오."

유클리드는 열심히 도서관에 나가서 집필에 몰두하기 시작

이집트의 고대 도시 옥시린쿠스에서 발견된 옥시린쿠스 파피루스(Oxyrhynchus Papyri)에 적혀 있는 『기하학 원론』의 일부다. 옥시린쿠스 파피루스는 성서, 공공 문서, 사적인 편지 등의 내용이 담긴 수만 조각의 파피루스와 양피지 전체를 이른다. 19세기 말부터 20세기 초까지 발굴이 이루어졌다.

했고, 오랜 시간 끝에 드디어 인류 역사상 가장 오래된 교과서 『기하학 원론(Stoikheia/Euclid's Elements)』이 탄생하게 되었다.

파피루스에 마침표를 찍던 순간 유클리드는 생각했다.

'후세의 사람들도 이 책을 읽고 기하학을 잘 배울 수 있었으면 좋겠다.'

그의 생각은 틀리지 않았다. 2,000년도 넘는 세월 동안 수많은 수학자들이 기하학을 배울 때 가장 먼저 읽는 것이 유클리드의 책이 되었으니 말이다. 게다가 성경에 이어 두 번째로 판본이 많은 유명한 책이 되었다.

사실 유클리드 이전에도 다른 '원론'들이 있었다. 유클리드는 이 '원론'들을 하나로 정리하면서 그리스 수학을 집대성한 사람이라고 해야 옳을 것이다.

『기하학 원론』은 모두 13권으로 되어 있다. 탈레스와 피타고라스의 기하학부터 수론, 방정식 문제들과 플라톤에 이르기까지 방대한 수학이 담겨 있어서 옛날의 수학을 연구하는 데 꼭 필요한 책이다.

유클리드 기하학은 2,000년 넘게 '기하학의 모든 것'이었다. 2,000년 동안 아무도 도전장을 내밀지 못했다는 것은 대단히 놀라운 사실이다.

훗날 비(非)유클리드* 기하학자들이 나타나서 유클리드 기하학을 단지 "평면적인 기하학"이라고 말하면서 기하학의 또 다른 가능성을 제시해주었다. 비유클리드 기하학은 지금껏 상상도 못했던 일들을 가능하게 해주었다.

우리는 지금 기하학을 완전히 알았다고 생각하지만, 아직 발견하지 못한 것이 남아 있을지도 모른다. 2,000년 후에 누군가 또 다른 기하학이 있다는 걸 알아낸다면? 아마도 그때가 되면 사람들은 차원을 넘나들거나 타임머신을 타고 시간여행을 할 수 있을지도 모른다. 우리 곁에 다른 차원에서 온 사람들이 존재할까?

비유클리드 기하학 Non-Euclidean geometry

이 명칭은 수학자 가우스가 처음으로 사용했으나, 명확하게 정의를 내릴 수는 없다. 다만 실재하는 면을 추상화함으로써 유클리드 기하학의 틀을 뒤흔드는 여러 가지 기하학이 탄생했는데, 비유클리드 기하학은 이러한 학문적 발견과 개념의 총체라고 말할 수 있다. 비유클리드 기하학의 탄생으로 말미암아 이전까지의 수학에 대한 견해가 근본적인 변화를 맞이했다. 때문에 비유클리드 기하학의 탄생은 상대성 이론의 탄생과 비견되는 19세기 수학사상 가장 중요한 사건으로 받아들여지고 있다.

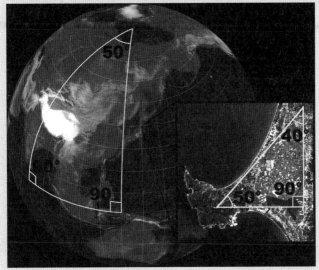

© Lars H. Rohwedder / wikipedia

유클리드 기하학은 측정 대상인 지면이 평면이라는 가정에서 출발했다. 반면에 비유클리드 기하학은 지구가 구체라는 사실뿐 아니라 천체의 중력에 의해 얼마든지 공간이 휘어질 수 있음을 가정한 기하학이다. 유클리드 기하학에서 삼각형 내각의 합은 180도이지만, 위의 그림에서 보는 바와 같이 비유클리드 기하학에서는 삼각형 내각의 합이 180도가 아닐 수도 있다.

진리 탐구인가, 실용성 추구인가?

: 수학은 과학과 진리 탐구의 도구

그리스 이전의 수학은 무척 실리적이었다. 농사를 짓고 장사를 하고 인구를 파악하거나 세금을 걷을 때 수학은 유용하게 쓰였다. 그러나 그리스 시대의 수학자들은 이렇게 외쳤다.

"진리가 무엇인지 알고 싶다!"

피타고라스 이후에는 실용성보다는 진리 탐구를 위해 수학을 했다. 유클리드 또한 그랬지만, 그에 반대해서 실용적인 수학을 하는 학자들도 있었다.

물론 그리스인들은 기하학에 열광하고 있었다. 고대의 그리스 수학자들은 항상 컴퍼스와 자를 품고 다니면서 시간이 날 때마다 퍼즐을 풀듯 작도를 하곤 했다. 플라톤의 학교에는

'기하학을 모르는 자는 들어오지도 말라!'라는 경고가 붙었을 정도로 기하학은 전성기를 맞이하고 있었다. 그렇다고 이때의 수학이 모두 기하학으로 통했던 것은 아니다.

유클리드의 『기하학 원론』에도 기하학뿐만 아니라 계산법까지 다양하게 수록되어 있었다. 기하학과 산술은 서로 연관되어 있어서 한쪽만을 강조해서는 안 된다. 그리스 시대에도 산술과 방정식에 관련된 대수학과 기하학의 관계는 실과 바늘 같은 존재였다. 그리고 어떤 수학자들은 자신들의 수학을 물리학에 적용하고 천문학에 적용하면서 실용적으로도 사용하고 있었다. 그 사람이 바로 아르키메데스다. '모래 계산자'로 불리는 아르키메데스는 기하학을 철학에서 수학으로 이끌어낸 사람이다. 그는 계산을 열심히 해서 기하학을 과학이 되게 만든 사람이기도 하다.

아르키메데스는 천문학자의 아들로 태어났기 때문에 어려서부터 우주와 별에 대해 생각하는 것을 남달리 좋아했다. 젊었을 때는 알렉산드리아 도서관에서 공부하기도 했는데, 이때 유클리드 식의 기하학에 영향을 받게 된다. 그러나 그는 좀 더 현실적인 수학자였다.

방정식의 시대가 열리다

: 디오판토스의 『산수론』

　알렉산드리아에는 디오판토스라는 수학자도 있었다. 그 역시 알려진 것이 거의 없어서 어디서 태어났는지, 몇 살이었는지조차 전하는 바가 없다. 다만 유클리드보다 600년쯤 후인 3세기 무렵의 사람이라고 추측할 수 있을 따름이다.

　유클리드가 기하학에 관심을 기울였다면 디오판토스는 계산을 좋아했다. 그는 갖가지 방정식 문제를 열심히 풀었고, 남들에게 문제 내는 것을 즐겼다. 디오판토스는 처음으로 대수(代數)에 기호를 사용했는데, 이것은 방정식을 푸는 데 유용한 실마리를 제공했다. 그러나 그리스에서는 편리한 기호에 대한 아이디어를 받아들이지 않아서 기호의 사용은 오랫동안 사장되었다가 방정식의 시대라고 할 수 있는 근대에 와서야 다시 거론되었다. 수학 공부를 할 때 사용하게 되는 대수학의 기호들은 데카르트(René Descartes, 1596~1650)가 체계화한 것이다. 데카르트는 좌표 평면을 개발함으로써 기하학과 대수학*을 결합시킨 주인공이다.

대수학의 아버지로 불리는 디오판토스는 『산수론(算數論, Arithmetica)』이란 책을 남겼다. 13권으로 된 문제집으로, 지금은 6권만 남아 있는데, 여기에는 189개의 연립 방정식 문제들이 실려 있다.

디오판토스는 또 '수수께끼의 수학자'라고 불리기도 한다. 숨을 거두게 되었을 때도 유언 대신 수학 문제를 남겨두고 떠났을 정도다.

"나는 평생 6분의 1 동안 소년이었고, 12분의 1 동안 청년

기하학(幾何學)과 대수학(代數學)

기하학의 영어 단어인 geometry에서 geo-는 땅을, metry는 측량의 뜻을 갖는다. 기하학이란 토지를 측량하기 위해 도형을 연구하는 데서 유래했다. 이집트에서 발달한 기하학이 그리스로 건너가 도형에 대한 새로운 개념들이 형성되었고, 탈레스, 피타고라스학파 등에 의해 삼각형의 합동, 비례정리, 피타고라스의 정리 등의 수학적 개념들이 탄생했다.
대수학은 수 대신 문자를 써서 문제 해결을 쉽게 하거나 수학적 법칙을 간명하게 나타내는 수학의 한 분야다. 방정식을 푸는 것에서 시작되었고, 오늘날에는 일반적인 수학의 기초 분야로 자리 잡았다.

이었단다. 거기서 7분의 1이 지나서 결혼을 했어. 결혼한 지 5년 뒤에 아들을 낳았지. 그런데 아들은 아버지 나이의 반만 살다가 죽었단다. 그 아들이 죽은 지 4년 후에 아버지도 죽으려고 하는구나. 나는 도대체 몇 살일까?"

문제를 낸 후 디오판토스는 숨을 거두었다. 제자들은 죽는 순간까지 수학자의 열정을 버리지 않았던 스승을 기리기 위해 이 문제를 묘비에 적었고, 열심히 문제를 풀었다.

$$(x-4) - \left\{ \left(\frac{1}{6} + \frac{1}{12} \right)x + 12 + 5 \right\} = \frac{x}{2}$$
$$x = 84$$

디오판토스의 나이는 84세였다.

π에 대하여
: 아르키메데스가 남긴 유산

아르키메데스는 계산자이기도 했지만 기하학자로서 원, 구, 원기둥, 타원에 관해서도 많은 연구를 했다. 그는 훗날 수학 발전의 발판이 될 다양한 연구들을 했는데, 그의 과학적 사고는 지금과 비교해서 뒤처지지 않을 만큼 앞서나간 것이었다. 어떤 수학자는 아르키메데스의 빛나는 생애를 기리며 이렇게 말했다.

"나는 대 로마 제국의 용맹한 장수가 되는 것보다, 기하학 문제를 풀다가 죽임을 당하는 가련한 수학자가 되는 것을 택하겠다."

아르키메데스의 죽음은 지금도 깊은 인상을 남겨준다.

아르키메데스는 로마군이 침입해왔을 때도 쪼그리고 앉아 땅바닥에 수학 문제를 풀고 있었다. 로마군이 나타났을 때 이 가련한 노인은 "저리 비키시오. 당신 그림자 때문에 문제를 풀 수가 없지 않소!" 하고 성질을 냈다가 로마군의 창에 찔려 숨을 거두고 말았다. 수학사에서 가장 안타까운 순간이었다.

아르키메데스는 연구를 게을리 하지 않았던 학자답게 많은 책과 논문들을 남겼다. 대표적인 논문으로는 「부체(浮體)에 관하여」가 있는데, 여기에는 목욕을 하다가 발견한 부력의 이야기가 실려 있다. 목욕을 하려고 욕조에 들어갔다가 번뜩 무엇인가를 깨닫고 발가벗은 채로 "유레카! 유레카!"라고 외치며 거리로 뛰쳐나갔다는 이야기는 아르키메데스의 상징이 되었다. 놀라운 아르키메데스 선생은 옷은 잃어버렸지만, '정수역학의 제1법칙'을 건졌다.

「원의 측정」이란 논문에는 원의 넓이를 재는 법이 나와 있다. 아르키메데스는 원의 넓이를 잴 때 원을 삼각형으로 잘게 잘라서 쟀다. 그는 원의 넓이를 재다가 일정하게 나타나는 숫자를 발견했는데 이것을 원주율이라고 한다.

$\pi = 3.141592653589\cdots\cdots$

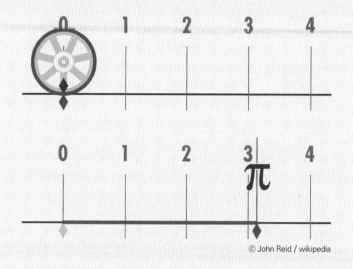

© John Reid / wikipedia

원주율은 지름이 1인 원을 한 바퀴 굴렸을 때 가닿는 거리다. 세 바퀴를 조금 넘어가고, 수치로는 약 3.14로 나타난다.

원주율은 이와 같이 계속되는 무리수로, 근삿값 3.14로 통용된다. π(파이)는 원의 넓이를 잴 때뿐 아니라 구, 원기둥 같은 입체의 넓이를 잴 때도 유용하게 쓰인다. 3월 14일을 파이 데이라고 하는데, 이는 π라는 수학적 발견을 기리자는 의미로 만들어진 날이다. 파이데이 행사는 1시 59분에 치러진다.

아르키메데스가 원주율을 π라고 표현한 것은 아니다. π는 1706년 영국인 수학자 존스(William Jones, 1675~1749)가 원주를 뜻하는 그리스어 페리메토스(Perimetros)와 페리페레이아(Periphereia)의 첫 글자(π)를 따서 만든 것이다.

지렛대의 원리는 「평면의 평형에 관하여」에 설명되어 있다. 「모래 계산자(The Sand Reckoner)」에서 아르키메데스는 우주를 다 채울 만큼의 모래알 수보다 훨씬 더 큰 수를 나타낼 수 있다고 이야기했다. 그 외에도 대표적인 논문으로 「나선에 관하여」, 「포물선 구적법」, 「원뿔과 회전 타원체에 관하여」, 「구와 원기둥에 관하여」 등이 있다.

아르키메데스는 종이 위에 그려져 있던 납작한 기하학을 공이나 기둥 등의 입체로 확대시켰고, 수의 개념을 넓혔으며, 나아가 물리학의 선구자 역할을 했다.

아르키메데스의 현실적 성향은 그가 물리학을 생활에 적

극 활용한 것을 보면 알 수 있다. 그는 물 펌프, 지렛대, 도르래, 합성 도르래, 별자리 투영기 같은 발명품들을 만들었고, 그것을 실제로 편리하게 사용했다.

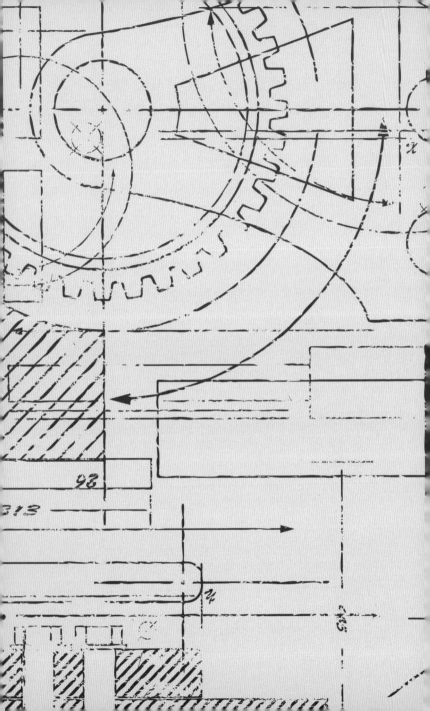

중세 유럽을 깨운
아라비아숫자

유럽이 중세의 암흑기에 접어들면서 문화와 학문의 진보가 걸음을 멈춘다. 수학 역시 마찬가지 운명에 처했다. 하지만 중국과 아라비아, 인도에서는 수학 연구가 활발하게 진행되었고, 특히 아라비아숫자와 0이라는 개념이 탄생함에 따라 수를 표현하는 데 있어서 획기적인 전기가 마련된다. 암흑의 시대가 지나고 유럽은 아라비아의 문물을 대대적으로 받아들인다. 그리고 수학은 기하학의 단계를 지나 대수학의 영역으로 향한다.

암흑시대

: 600년 동안의 어둠

아르키메데스는 이런 말을 했다.

"수학을 모르는 사람들에게는 믿을 수 없는 일들이 많이 일어납니다."

사람들은 수학자들이 미래를 예측하거나 신기한 물건을 만들어낼 때마다 요술 부리는 걸 본 것처럼 깜짝 놀랐다.

아르키메데스의 수학은 대단히 진보적이고 과학적이었다. 철학에 머무르고 있던 수학을 공학과 물리학으로 이끌었던 아르키메데스의 예언대로 수학을 모르는 사람들이 지배하는 세상이 오자 믿을 수 없는 일이 일어나게 되었다. 바로 시간이 뚝 멈춰버렸던 것이다. 게다가 멈춘 시간은 600년 동안이나 흐르지 않았다.

이 시기를 가리키는 '암흑시대*'란 서로마 제국이 멸망하던 5세기부터 11세기까지의 유럽 역사를 일컫는 말이다. 교황권이 강화되면서 종교가 정치를 지배하던 시절이었으며, 기독교 이외의 문화는 탄압을 받게 되고 사회는 점점 봉건적으로 변해갔다.

이때 사람들의 평균 수명은 30세밖에 안 되었다. 야만적인 전쟁과 흑사병 같은 전염병이 꽃다운 목숨을 앗아갔기 때문인데, 사람들은 불결한 환경 속에서 짐승처럼 살아야 했다. 봉건 제도 속에서 학교 교육을 받을 수도 없었고, 자유롭게 생활할 수도 없었다. 때문에 고대 그리스의 활발했던 문화를 계속 이어나가는 일이 가능했을 리가 없었다. 예술과 학문은 어둠 속에 갇히고 말았다. 600년 동안 유럽 사회는 반복되는 불행 속에서 아무런 발전도 할 수 없었고, 수학의 눈부신 성과들은 어둠 속에 묻힌 채 모든 것이 서서히 잊혀져갔다.

암흑시대 Dark Ages

로마 제국이 몰락한 뒤 유럽에서 교회가 절대적인 영향력을 끼치면서 정치, 사회, 문화 전반에 걸쳐 침체되었던 시기를 일컫는다. 시기적으로는 로마 제국이 몰락한 455년부터 르네상스가 일었던 14~16세기까지로 보는 견해가 있지만, 서로마 붕괴 후 역사적 기록이 불충분한 600년 정도로 보는 것이 일반적이다.

2차 방정식과 진법, 0의 탄생

: 인도와 아라비아의 수학

　유럽이 암울한 분위기에 휩싸여 있는 동안 중국과 인도, 아라비아에서는 여러 가지 많은 일이 일어났다.

　인도인들은 천문학을 좋아해서 그리스인들과 달리 수학을 천문학을 연구하는 도구로 활용했다. 인도인들은 천문학을 이야기할 때 '싯단타'라는 말을 썼는데, 태양신을 두고는 '수리아 싯단타'라고 말했다.

　인도 사람들은 수학을 시적으로 표현하는 것을 즐겼다. 수학책의 제목을 '천체계의 왕관', '아름다운 것' 등으로 짓기도 했고, 수학 공식을 표현할 때도 '새끼 꼬는 규칙'이란 식으로 표현했다. 인도인들은 수수께끼처럼 신비로운 것을 좋아했던 모양이다.

"반짝이는 눈의 아름다운 아가씨, 산수를 할 줄 안다면 내 말 좀 들어보시오."

그렇게 말하고는 슬쩍 산수 문제를 던지는 것이 보통이었다. 수학이 이렇게 낭만적이라면 어려울 것도 없을 것 같다.

인도에서는 숫자와 셈법이 많이 사용되었다. 우리가 아라비아숫자로 알고 있는 1, 2, 3, 4 등의 수는 원래 인도 숫자였는데 아라비아인들이 이 수를 세상에 알리면서 아라비아숫자로 불리게 되었다는 것은 공공연한 사실이다.

인도인들은 산술에 열중했고, 이것이 나중에 아라비아에 의해 서유럽에 전해졌다. 유럽은 암흑기로 우울한 상태였지만, 아라비아에서는 이슬람 문화가 일어나면서 그야말로 문예가 부흥하기 시작했다. 아라비아인들은 그리스의 기하학과 인도의 산술을 신나게 연구했다. 그리고 암흑기가 끝났을 때 그 지식을 유럽에 전해주는 다리 역할을 톡톡히 했다. 아라비아가 없었다면 그리스 수학은 어두운 강 저 너머의 전설에 묻혀버리고 말았을 것이다.

9세기 무렵 아라비아 알마문 왕(Al-Ma'mun, 786~833, 아바스 왕조의 7대 칼리프)은 바그다드에 '지혜의 집'이라는 연구소를 세웠다. 이것은 고대 알렉산드리아 도서관과 비교할 만한 곳으로 이곳에서 학자들은 고대 그리스의 수학책들을 번역하는 일을 했다.

아라비아에서는 번역서뿐 아니라 많은 수학책들이 만들어졌고, 그 때문에 요즘의 수학 용어 중에는 아라비아어들이 많이 남아 있다. 대수학은 아라비아어 그대로 알지브라(algebra)라고 부르고, 알고리즘, 사인, 코사인, 탄젠트 등의 어려운 수학 용어들도 모두 아라비아어에서 나온 것이다.

아라비아인들은 기하학보다는 대수학을 좋아했다. 이때 가장 유명한 수학자는 알콰리즈미(Al Khwārczmi, 780?~850?)라는 사람이다. 대수(algebra)와 알고리즘(algorism)도 알콰리즈미가 변해서 만들어진 말로 알고리즘은 아라비아 기수법을 의미함과 동시에 문제를 해결해가는 과정과 계산법(연산)을 이야기할 때 쓰이기도 한다.

알콰리즈미의 가장 큰 업적은 2차 방정식의 해법을 발견했다는 것이다. 디오판토스의 1차 방정식에서 진보한 2차 방정식은 $ax^2 + bx + c = 0$과 같이 식으로 나타 낼 수 있다. 알콰리즈미는 2차 방정식의 해는,

알콰리즈미의 풀네임은 무함마드 이븐 무사 알콰리즈미(Muhammad ibn Musa al-Khwārezmi)다. 인도-아라비아의 수와 대수학 개념을 유럽에 소개했다. 그는 수학뿐 아니라 수학 지식을 활용하여 지도를 만드는 일에도 깊이 관여했다. 위의 그림은 탄생 1,200주년을 기념하여 만든 우표로, 1983년 소련에서 발행하였다.

$$x = -b \pm \frac{\sqrt{b^2 - 4ac}}{2a}$$

라는 근의 공식을 통해 구할 수 있다는 사실을 발견했다. 2차 방정식의 풀이는 훗날 유럽에서 3차·4차 방정식의 풀이를 할 수 있는 발판이 되었다.

진법은 수를 나타내는 방법에 관한 것이다. 고대 바빌로니아에서는 60진법이 활발하게 쓰였는데, 1분은 60초, 1시간은 60분과 같이 60을 하나의 기준으로 수가 진행되는 것을 60진법이라고 할 수 있다.

현재 가장 많이 사용되는 것은 2진법과 10진법이다. 2진법은 무척 낯설게 느껴지겠지만 실제로 우리는 2진법과 아주 친하게 지내고 있다. 셈을 할 때는 10진법이 사용되지만, 컴퓨터 언어는 2진법으로 이루어졌기 때문이다.

모양이 비슷해서 착각하기 쉬운 다른 수들보다 컴퓨터는 0과 1, 이 두 가지 수를 오류 없이 정확하게 구분할 수 있고, 놀랍게도 이 단 두 가지 수를 가지고서도 수많은 명령어를 만들고 실행할 수 있다.

10진법은 십 단위로 수를 묶기 때문에 셈을 할 때 아주 편리하다. 10진법이 발달하게 된 것은 손가락 열 개라는 인간의 신체 구조 때문이다.

10진법에서 '0'은 그야말로 위대한 발명품이라고 할 수 있다. 0이 없다면 우리는 103이나 702와 같은 수를 표현할 수가 없을 것이다. 0은 '아무것도 없음'이 아니라 수를 나타낼때 꼭 필요한 마법의 수다. 0이 없다면 수 체계는 대단히 혼란스러울 것이 분명하다. 우리가 사칙 연산을 자유자재로 할 수 있는 것은 바로 이 0이 있기 때문이다.

바빌로니아에서는 숫자가 없는 자리를 비워두곤 했는데, 5세기에 인도에서 아리아바타(Āryabhāta, 476~550)라는 수학자이자 천문학자가 『아리아바티야(Āryabhaṭīya)』라는 책에서 '0'을 의미 있는 수로 사용하기 시작했다. 인도의 수학을 가장 잘 수용한 수학자가 아라비아의 알콰리즈미인데, 그는 책을 통해 '0'을 중요한 수로 소개했다.

인도와 아라비아 그리고 동양에서는 '0' 안에 수많은 철학적 의미를 담았다. 0은 무(無)라는 단어로 표현되지만, 무(無)는 역시 텅 비어 있음이 아니라 무엇인가 창조되기 직전의 생명력 있는 비어 있음을 뜻한다. 우리는 저 너머 우주의 0에서 비롯되었고, 우리가 마음에 품고 살아야 할 것도 0이며, 마침내 우리가 돌아갈 곳도 바로 저 너머의 0인 것이다.

0은 우리의 영혼과 죽음 그리고 탄생과 연관된 수인 것이다. 불교에서의 0은 해탈을 의미하며, 기독교에서의 0은 성 아우구스티누스(Augustine of Hippo, 354~430)의 말에 따르면 신이 세상을 창조하기 이전의 '무엇인가 있는 무(a nothing something)'인 것이다.

2진법에도 신이 무(0)로부터 우주(1)를 창조했다는 정신이 담겨 있다.

이쯤에서 하이쿠 한 자락이 절로 나온다.

이토록 아름다운 0.
하지만 별로 예쁘지 않은 0도 있다.
그건 빵점!

고대 중국의 수학과 마방진

: 구장산술과 주비산경

중국도 오래전부터 열심히 수학을 연구했다. 그런데 중국인들은 쉽게 쪼개지고 망가지는 대나무에 기록을 해두어서 안타깝게도 자료들이 많이 남아 있지 않다. 게다가 기원전 213년에는 진시황의 분서갱유(焚書坑儒)로 중요한 책들이 몽땅 불타버렸기 때문에 오늘날 옛 중국의 과학과 문명을 알기란 어려운 일이 되고 말았다.

그러나 학자들의 집요한 연구로 옛 중국의 수학이 밝혀졌다. 중국에서는 지금으로부터 3,000년 전인 주나라 때부터 10진법을 쓰는 등 상당한 수학 지식을 가지고 있었다.

중국인들은 중국 고유의 문자를 사용했고, 마방진과 같은

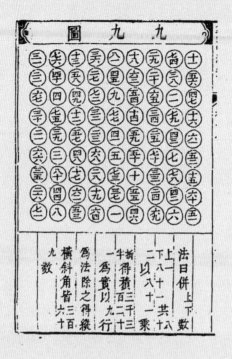

중국의 마방진. 마방진은 가로, 세로, 대각선에 놓인 수의 합이 같은 값을 갖는 형태로 수를 배열한 도표다. 1세기 무렵의 로마 유적에서도 마방진이 발견되는데, 수에 대한 지식을 논하는 도구로 쓰였을 뿐 아니라 재앙을 예방하는 부적으로도 활용되었다.

도표를 좋아했다. 마방진은 거북이 등을 보고 고안해낸 것으로 네모 칸에 숫자들을 나열해놓고 계산하는 도표를 말한다. 중국인들은 마방진을 기본으로 복잡한 계산도 하고 방정식도 풀어냈다.

중국은 서양 세계와 동떨어져 있었으므로 유럽의 암흑기에도 큰 흔들림 없이 나름대로의 수학 연구를 열심히 해나갔다. 1300년경에는 수학자 주세걸(朱世傑)이 나오면서 전성기를 맞이했다.

중국의 수학을 대표하는 책으로는 『구장산술(九章算術)』이 있다. 기원전 200년쯤에 한나라에서 만들어진 책으로, 중국인의 수학이 얼마나 광범위하게 쓰였는지를 보여주는 놀라운 책이다. 여기엔 농업, 상업, 공업, 측량, 방정식의 해법, 직각삼각형의 성질 등 246개의 문제가 담겨 있다. 원주율은 그리스에서만 연구된 것이 아니었다. 중국에서도 π를 알고 있었고, 그 수가 정확하게 3.14……인 것도 알았다.

이보다 오래전에 『주비산경(周髀算經)』이라는 책이 있었는데, 여기에는 피타고라스의 정리에 대한 이야기도 나온다.

피보나치와 아라비아숫자

: 아라비아숫자를 유럽에 전하다

안흑시대가 물러나고 12세기에 접어들면서 아라비아의 번역서들이 서서히 유럽에 들어오기 시작했다. 600년이란 참으로 긴 시간이었지만, 사람의 잠재력이 완전히 사라지기에는 부족한 시간이었다. 잠에서 깨어난 유럽 사람들은 잊었던 것들을 되살리기 위해 아라비아의 발달된 문물을 받아들였다.

아라비아 사람들이 인도의 숫자와 셈법에 관심을 기울이고 대수학을 좋아했던 것은 모두 상업이 활발했기 때문이다. 아주 먼 옛날 탈레스가 배를 타고 활동했던 것처럼 넓은 세상을 돌아다니면서 새로운 문물을 들여오는 이들은 바로 상인들이었다.

아라비아의 영향을 받았던 사람 중에는 레오나르도 피보나치(Leonardo Fibonacci, 1170?~1250?)란 사람도 끼어 있었다. 그는 13세기의 수학자로 이름을 남길 소년이었다. 이탈리아의 피사(Pisa)라는 상업 도시에서 태어나서 '피사의 레오나르도'라고 불리기도 한다. 아버지의 이름은 보나치. 피보나치란 '보나치의 아들'이란 뜻이다.

피보나치의 아버지는 상업에 종사하고 있었다. 물건을 파는 상인은 아니었고 계산하는 일을 담당했는데 지금으로 치면 회계사쯤 되었던 모양이다. 피보나치의 아버지는 자기 일에 자부심을 가지고 있었다.

"네가 상인이나 회계사가 되었으면 좋겠구나. 그러려면 수학 공부를 열심히 해야 한다."

피보나치는 어릴 때부터 계산법을 열심히 배워야 했다. 평범하고 순한 아이였던 피보나치는 아버지가 시키는 대로 매일매일 산수 연습을 열심히 했다. 그러다 계산의 마력에 흠뻑 빠져버렸다. 수학 문제를 풀던 피보나치가 중얼거렸다.

"아라비아에는 마술 램프에서 나온 것처럼 신기한 숫자들이 있다던데…… 아라비아의 산수를 배우고 싶다."

그때 기회가 왔다. 이탈리아가 지중해 곳곳에 큰 상점을 열고 있어서 그의 아버지가 관세를 관리하기 위해 출장을 갈 일이 생겼던 것이다. 피보나치는 아버지를 따라 지중해 일대와 이슬람을 여행했다. 알제리 해변의 보우기(Bougie, 지금의 알제리 베자이아)란 곳에서 지낼 때 피보나치는 아라비아 말을 배우게 되었다. 그가 아라비아어를 배운 곳은 식품 가게 뒷방이었다고 한다.

아라비아어를 할 수 있다는 것은 피보나치에게 큰 힘이 되었다. 그는 아라비아가 번역해놓은 옛 그리스 기하학을 배울 수 있었고, 아라비아 산술을 깊이 이해할 수 있게 되었다.

'인도와 아라비아에선 참으로 실용적이고 편리한 계산법을 쓰고 있었구나. 이렇게 우수한 계산법을 유럽에 알려야겠다. 사람들이 깜짝 놀랄 거야!'

유럽으로 돌아온 피보나치는 『산반서(算盤書)』*('주판서珠板書'라고도 한다)라는 책을 발표했다. 이 책은 아리비아숫자와 계산법을 유럽에 알린 책이다.

산반서 Liber Abaci

중동 지역을 여행하며 로마의 수 체계보다 인도와 아라비아의 수 체계가 효율적이라는 사실을 깨달은 피보나치가 이탈리아로 돌아와 1202년에 펴낸 책이다. 피보나치는 이 책을 통해 아라비아의 수 체계뿐만 아니라 0이라는 개념에 대해서도 소개했다. 피보나치의 토끼 문제 역시 이 책에 등장한다. 이 책은 유럽 중세의 암흑기를 지나서 나온 최초의 수학적 결실이었다.

『산반서』는 모두 15장(章)으로 구성되어 있다. 아라비아숫자를 읽고 쓰는 법, 정수와 분수를 계산하는 법, 제곱근과 세제곱근을 구하는 법, 1차 방정식과 2차 방정식을 푸는 법 그리고 유명한 피보나치수열 등이 자세히 기록되어 있다. 여기에 토끼 문제도 들어 있다. 또 『산반서』에는 돈을 외국 돈으로 바꾸는 법도 나와 있다.

첫 장에는 '인도의 수는 1, 2, 3, 4, 5, 6, 7, 8, 9이다. 여기에 아라비아의 0을 사용하면 못 나타낼 숫자란 없다'라고 쓰여 있다. 피보나치는 0을 이탈리아어로 제로(zero)라고 불렀다. 피보나치는 수학 연구를 계속해서 『실용기하학』, 『제곱근서』 등도 냈다.

그런데 피보나치의 기대와는 달리 사람들의 반응은 영 신통치 않았다.

"별 이상하게 생긴 숫자 다 보겠네. 저렇게 꼬부랑거리는 게 숫자라고?"

이탈리아 사람들이 시큰둥해하는 데는 다 이유가 있었다. 그때까지도 이탈리아는 로마숫자를 즐겨 사용하고 있었기 때문이다(1, 2, 3, 4는 로마숫자로 Ⅰ, Ⅱ, Ⅲ, Ⅳ와 같이 표시된다).

이탈리아 사람들에게 아라비아숫자는 낯설게만 느껴졌다.

피보나치는 자신이 아라비아까지 가서 열심히 연구해온 것을 아무도 바르게 평가해주지 않았기 때문에 마음의 상처를 받았다.

'레오나르도 비골로!'

소심한 피보나치는 자기 이름을 그렇게 고쳐 부르곤 했다. 비골로(bigolo)라는 말에는 여행자란 뜻 외에 게으름뱅이, 멍청이, 얼간이란 뜻도 있었다. 그는 사람들에게 말했다.

"그래, 나는 얼간이입니다. 그런데 당신들이 787을 D C C L X X X Ⅶ이라고 쓰는 동안 이 얼간이는 달랑 세 개의 수를 가지고 787을 쓸 수 있소이다."

피보나치에게 아라비아숫자는 날개와도 같은 것이었다. 그는 날개를 달고 마음껏 수학의 하늘을 날아다닐 수 있다. 비록 사람들의 냉담한 반응은 피보나치를 상심하게 만들었지만, 그의 저서들은 훗날 유럽 수학의 발전에 큰 영향을 끼치게 된다.

토끼와 피보나치수열

: 피보나치수열의 규칙

이런 상상을 해보자.

'토끼가 토끼를 낳고, 그 토끼가 또 토끼를 낳고, 그 토끼가
또 토끼를 낳고……. 일곱 개의 자루마다 일곱 개의 자루가 있
고 그 자루마다 또 일곱 개의 자루가 있고…….'

피보나치는 이런 궁금증을 품었다.

'토끼 부부가 매달 토끼 한 쌍을 낳고, 태어난 토끼가 다음
달부터 토끼를 한 쌍씩 낳기 시작한다면, 열두 달이 지났을
때 몇 쌍의 토끼가 생기는 걸까?'

그날로 피보나치는 일정한 규칙과 순서에 의해서 늘어나는
토끼들을 수학적으로 계산하는 일에 몰두하게 된다. 피보나

치는 토끼의 수를 순서대로 나열하다가 재미있는 규칙을 발견하게 되었다. 그렇게 만들어진 것이 '피보나치수열'이다.

토끼 쌍은 이렇게 늘어난다.

1, 1, 2, 3, 5, 8, 13, 21, 34, 55, 89······.

이 수는 마음대로 아무렇게나 늘어놓은 수가 아니라 일정한 규칙을 가지고 증가한다.

$F_1 = 1$

$F_2 = 2$

$F_3 = 3$

$F_4 = 5$

$F_5 = 8$

$\vdots$

n번째 달의 토끼 쌍의 수를 F_n이라고 한다면 다음과 같은 공식을 이끌어낼 수 있다.

$$F_n = F_{n-1} + F_{n-2}$$

자연은 피보나치수열로 정리되어 있다고 해도 과언이 아니다. 해바라기 씨의 배열이나 파인애플 껍질, 솔방울의 나선 구조들도 모두 피보나치수를 따르고 있다. 자신을 얼간이라고 말했던 이 수학자를 제외한다면 사실 암흑기 이후의 수학 연구는 만족할 만한 것이 못 된다. 600년의 시간이 큰 타격이었던 것은 분명하니까 말이다.

하지만 사람들은 치명적이었던 암흑기를 다 잊어버리고 새롭게 태어나고 싶은 소망을 갖게 되었다. 그들은 무슨 일이든 일어나길 바랐다. 어딘가에서 신선한 바람이 불어와 자신들의 삶과 정신에 활력을 불어넣어주기를. 그렇게만 된다면 다시 일어설 용기가 있었다.

새로운 바람은 이탈리아에 가장 먼저 불어왔다. 유럽의 암흑기 동안 발전했던 아라비아의 문화를 가장 빨리 받아들였기 때문이었다. 얼간이 수학자의 공이 아닐 수 없다.

주판을 이용하는 사람과
계산법을 활용하는 사람

: 기하학에서 대수학으로

아리비아와, 암흑기 이후의 유럽 수학자들은 계산하는 일에 열심이었다. 15~16세기가 되면서 산술에 대한 연구는 더욱 활발하게 이루어진다. 이 무렵 계산을 하는 사람은 산판가(算板家/abacist)와 산술가(算術家/algorist)로 구분되었다.

산판가는 계산하는 주판과 같은 도구를 쓰는 사람들을 말하고, 산술가는 계산법을 이용해 문제를 손으로 푸는 사람들을 말한다. 0을 발명한 이후 산술은 흥미로운 분야로 떠올랐다. 로마숫자를 이용해 주판을 사용하면 산판가이고, 아라비아숫자와 연산으로 풀면 산술가인 셈이다.

이때는 산판가와 산술가가 대결하는 수학 경시 대회가 자

수학이 발달하고 여러 가지 계산법이 발견되면서 자신의 계산 실력을 뽐내려는 사람이 나타나기 시작했다. 이들은 주판 등과 같은 계산 도구를 사용하지 않고 계산을 했는데, 이들을 산술가라고 했다. 반면에 고전적인 방식으로 계산 도구를 활용한 이들을 산판가라고 했다. 위의 그림은 산술가(왼쪽)와 산판가(오른쪽)의 대결을 묘사한 것이다. 그림을 자세히 보면 산술가의 표정은 득의만만한 반면 산판가는 다소 곤혹스러워하고 있다. 그림을 그린 이는 산술가에 우위를 두었던 모양이다.

주 열려서 누가 더 빨리, 더 정확하게 계산하는가를 겨뤘다. 이 논쟁은 의외로 치열해서 대회는 언제나 격렬한 전쟁터와 같았다. 그러나 옛날에도 어느 것이 더 좋다는 결론을 내릴 수가 없었다. 나름대로의 장점이 있기 때문이다.

처음엔 사람의 손가락으로 수를 계산했지만, 후에는 여러 가지 형태의 주판이 사용되었다. 주판(abacus)의 어원은 모래판(abax)을 뜻하는 그리스어다. 피타고라스 시절에는 수의 양을 조약돌(calculi)로 나타냈는데, 이것에서 계산(calculation)이란 말이 유래했다.

유럽 수학사들 사이에서 계산이 유행했던 것은 인도와 아라비아의 공이 컸다. 중세의 암흑기 동안 인도와 아라비아 사람들은 수를 고대의 기하학에서 독립시켰다. 그리스인들의 기하학은 이슬람 세계에선 절대적인 것이 아니었다. 이슬람에서는 오히려 숫자의 자유로움을 사랑했다. 그것은 기하학에서 대수학으로의 변화를 의미했다.

이슬람의 수학은 그리스에서는 인정하지 않았던 0과 음수 그리고 허수가 활발하게 쓰이는 데 큰 기여를 했다.

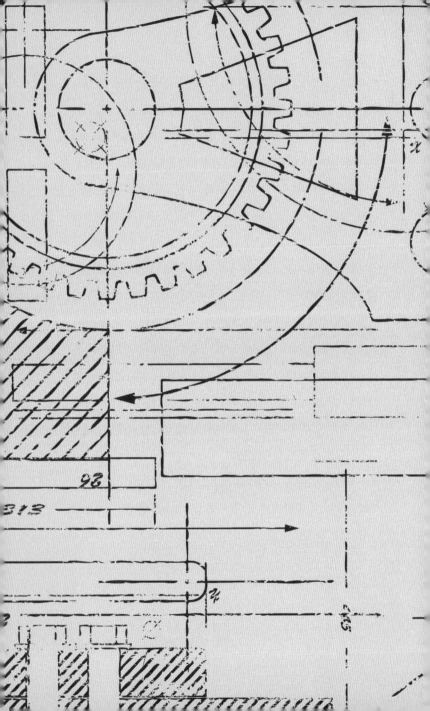

CHAPTER **6**

일상과 예술에 스며든
르네상스기의 수학

암흑기를 지나 르네상스 시대가 시작되면서 유럽은 오랜 침묵을 깨고 드디어 기지개를 편다. 이때의 대표적인 인물이 레오나르도 다빈치다. 그는 미술, 조각, 공학, 건축, 의학 등의 분야에서 천재적인 유산을 많이 남겼다. 그리고 그가 남긴 예술 작품에는 어김없이 수학이 적용되었다. 수학이 적용되면서 평면에 머물러 있던 미술이 입체감을 갖게 되었고, 보다 유려한 조각품들이 탄생할 수 있었다. 그리고 인쇄술이 발명되면서 지식과 정보가 대중에게로 확산되었다.

르네상스와 레오나르도 다빈치

: 가장 르네상스적인 인간

현대적 의미의 수학은 언제 시작되었을까? 바로 16세기 타르탈리아, 카르다노와 같은 수학자들이 3차 방정식을 풀어내면서부터라고 할 수 있다. 이제 수학은 어두웠던 날들을 뒤로 하고 새로운 출발을 한다. 르네상스가 일어났기 때문에 가능한 일이었다.

르네상스란 14세기에서 16세기에 걸쳐 일어났던 문예 부흥 운동을 말한다. 고대의 학문과 예술을 새로 살려내 암흑기를 극복하자는 대대적인 운동이었다. 처음에 이탈리아에서 시작되어 전 유럽으로 퍼졌는데, 건축, 미술, 문학 등 모든 분야에서 변화가 일어났다.

'암흑시대에 너무 많은 것을 잃었어. 우리는 지쳐버렸다. 뭔가 변화가 필요해.'

사람들은 고대인들의 자유로운 정신을 회복하고 싶어 했고, 그 간절한 소망이 곧 현실로 이루어졌다.

르네상스와 가장 잘 어울렸던 사람은 누구일까? 문예의 부흥기답게 학문과 예술에 골고루 관심을 가졌던 사람, 가장 활동적으로 르네상스의 정신을 실천한 사람, 르네상스를 대표하는 사람을 손꼽으라면 누구든 레오나르도 다빈치(Leonardo da Vinci, 1452~1519)란 수학자를 제일 앞에 둘 것이다.

'레오나르도 다빈치가 수학자였다고?'

그렇다. 우리가 알고 있다시피 다빈치는 〈최후의 만찬〉과 〈모나리자〉라는 그림으로 유명한 화가다. 그러나 다빈치를 오로지 화가였던 사람으로 보기에는 부족하다는 생각이 든다. 가장 르네상스적이었던 사람답게 그의 직업은 무척 다양했다. 화가, 수학자, 과학자, 발명가, 건축가, 의학자, 사상가, 요리사……. 명함 한 장에 다 담을 수 없을 지경이다. 물론 본업은 화가였지만, 그는 그림 그리는 일 외에도 다방면에 재능이 많은 사람이었다.

세상의 비밀을 캐고자 했던 다빈치

: 수학, 과학, 의학, 예술에 통달한 천재의 기록

레오나르도 다빈치는 1452년에 이탈리아의 빈치(Vinci)라 곳에서 태어났다. 아버지는 지주였고, 어머니는 농부였다. 신분의 차이 때문에 두 사람이 결혼을 하는 데는 난관이 많았고, 다빈치는 어머니, 할아버지와 함께 살아야 했다. 훗날 아버지의 가족과 함께 살기도 하지만 그리 행복하지는 못했다.

다빈치에게 학교에 다니는 일은 무엇보다 중요한 일이었다. 학교에 가길 좋아했던 좀 별난 이 소년은 유난히 호기심이 많고 질문이 많아서 하루라도 질문을 하지 않고 넘어가는 날이 없을 정도였다.

"선생님, 하늘의 구름은 왜 떠다니는 건가요? 선생님, 구름 모양이 자꾸 바뀌는 건 하나님이 그림을 그리시기 때문인가요?"

다빈치는 매일 턱을 괴고 하늘을 올려다보는 아이였다. 그는 자연을 관찰하는 것을 좋아해서 온갖 식물과 곤충들을 관찰하면서 하루를 보냈다. 그러다 관찰한 것들을 그림으로 그리고 싶다는 생각을 하게 되었고, 날마다 혼자 그림을 그리며 지냈다.

다빈치는 호기심 가득한 아이여서 배우고 싶은 것도 많았다. 다빈치는 학교에서 기하학과 라틴어 공부를 열심히 했고, 학교 공부만으로 부족하다고 여겨서 혼자서 라틴어를 부지런히 공부했다. 착실하고 기특한 소년이로고.

그림에 남다른 소질이 있었던 다빈치는 14살이 되었을 때, 베로키오(Andrea del Verrocchio, 1435?~1488)라는 화가의 조수로 일하기 위해 피렌체로 떠났다. 이때부터 화가로서의 삶이 시작되었다. 처음엔 조수였지만 다빈치는 스승들로부터 그림 그리는 법을 철저히 배울 수 있었다. 그는 이곳에서 지내면서 인체 해부학 등의 지식을 얻었다.

다빈치는 30세 무렵에 독립해서 화가로 일하게 된다. 르네상스 시대는 암흑기에 메말랐던 예술을 부흥하기 위해 많은 예술가들을 필요로 했으므로 다빈치에겐 항상 일이 많았다.

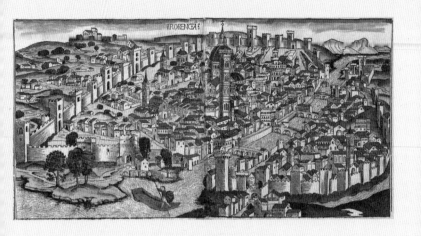

피렌체(Firenze)는 이탈리아 중부에 위치한 도시로, 과거부터 상업이 발달하여 거대한 자본을 축적한 큰 부자들이 많았다. 이 부자들은 당대의 예술가와 학자들을 지원하여 르네상스가 이탈리아에서 태동하는 토대를 마련했다. 영어로는 플로렌스(Florence)라고 한다.

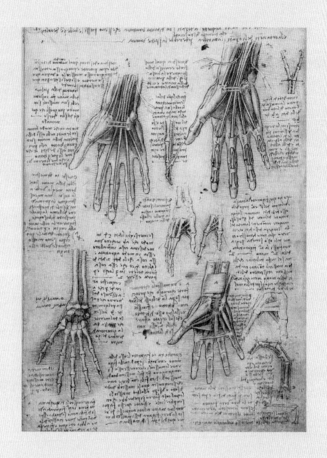

레오나르도 다빈치는 훗날 '다빈치 노트'라는 이름으로 묶인 수천 장의 스케치를 남겼는데,
여기에는 인체 해부, 사람의 표정 묘사, 오늘날의 헬리콥터와 같은 비행체, 식물과 곤충을
관찰한 내용, 무기에 대한 아이디어, 생활에 필요한 갖가지 도구에 관한 방대한 내용이 담겨
있다.

그는 주문을 받아서 그림을 그리는 일을 하는 직업적인 화가였다.

그림을 그리지 않는 시간에는 다양한 취미 생활을 하면서 지냈다. 물론 취미 차원을 넘는 전문적인 연구에 가까웠지만 말이다. 그는 모든 것을 재미로 하는 천재적인 인물이었다. 재미로 수학 문제를 풀고, 재미로 과학 발명품을 생각하고, 재미로 해부학을 연구했다. 그의 해부학 연구는 지금도 대단한 것으로 평가를 받는다. 현미경과 같은 의학 도구들이 지금처럼 발달하지 않았던 시대에 사람의 근육을 정교하게 묘사한 그림까지 남겨두었을 정도다. 현재 그가 남긴 수학 노트, 의학 노트는 평범한 노트가 아닌 예술 작품으로 평가받고 있다.

다빈치는 요리에도 취미가 있었다고 하는데, 〈최후의 만찬〉을 그릴 때는 그림 그리는 일보다 그림 속 식탁에 놓일 음식들을 요리하는 데 정신이 팔려 있었다고도 전해진다. 그림이 2년 9개월 동안 느릿느릿 그려진 건 그 이유 때문이라는 소문도 있다.

그토록 다양한 분야에 관심과 재능을 가지고 있었다니, 게다가 순전히 재미로 수학에 몰두했다니 다빈치는 가장 르네상스적인 인물임에 틀림없다.

수학을 적용하면서
예술이 더욱 풍부해지다

: 사영 기하학과 투시 화법

물론 다빈치 말고도 많은 화가들이 수학에 큰 관심을 가지고 있었다. 그리스 시대부터 조각을 하기 위해서는 수학적인 과정이 없이는 불가능했다. 비너스 상을 조각하기 위해 황금 비율을 계산해야 했던 것처럼 말이다.

르네상스 시대의 화가들은 좀 더 발전된 모습을 보인다. 이집트 시절의 그림은 2차원의 평면적인 모습을 하고 있지만, 르네상스로 접어들면서 회화에 3차원의 공간감이 생기기 시작했다. 화가들은 보다 적극적으로 유클리드 기하학을 연구하고 이를 그림에 적용했다.

르네상스 때는 기하학 외에 수학도 예술과 건축에 더 많이 활용되었다. 이때의 미술과 건축은 대단히 정교한데, 웅장한 천장 벽화를 보면 그냥 되는 대로 그린 그림이 아니라는 사실을 한눈에 알 수 있다.

르네상스 화가들의 기하학은 훗날 사영 기하학(射影幾何學)* 으로 발전하게 된다. 사영 기하학은 화폭을 하나의 창으로 간주하고 그것에 투사된 도형들의 성질을 연구하는 것인데, 19세기에 활동했던 퐁슬레(Jean-Victor Poncelet, 1788~1867)라는 수학자가 고안해낸 것이다. 그러나 수백 년 전 알브레히트 뒤러(Albrecht Dürer, 1471~1528)와 같은 르네상스 화가들은 이미 사영 기하학의 원리를 알고 있었다. 그는 그림에 수학적인 장치를 많이 사용한 화가이기도 하다. 〈멜랑콜리아 1(Melencolia I)〉이란 동판화에는 기하학을 상징하는 컴퍼스, 저울, 모래시계, 삼각형과 오각형이 합쳐진 다면체, 구(球), 마방진 등이 그려져 있다.

사영 기하학 projective geometry

기하학적인 도형을 무한히 먼 광원에서 평행광선을 비추었을 때 나타나는 상(象)의 성질을 연구하는 기하학이다. 유클리드 기하학에서는 평행하는 두 직선은 절대로 만나지 않는다. 그런데 사영 기하학에서는 두 평행선이 무한히 먼 어떤 점에서 만난다고 가정한다. 그림을 그릴 때 원근법을 이용하여 선의 연장선이 만나는 소실점을 잡게 되는데, 이러한 소실점은 사영 기하학의 원리에서 나타난 것이다.

'독일의 다빈치'라고 불리는 알브레히트 뒤러의 작품 〈멜랑콜리아 1〉에서는 컴퍼스와 마방진 등 수학을 대표하는 상징들이 곳곳에 나타난다. 독일 출신인 뒤러는 뒤늦게 이탈리아의 예술과 문화를 접하고 자신의 작품을 통해 르네상스 정신을 표현하고자 했다.

〈최후의 만찬〉도 정확한 비례를 적용하여 그린 그림이다. 이 그림에는 투시 화법(透視畫法)이라는 것이 쓰였는데, 사람의 눈동자가 머무는 한 '점(시점)'을 중심으로 가까운 것은 가깝게, 먼 것은 멀어 보이게 그리는 방법(원근법)을 사용한 것을 말한다. 모든 선들이 시선의 중심이 되는 한 점(소실점)을 향해 모이는데, 무한을 향해 수렴하는 선들이라고 할 수 있다. 이처럼 사람이 진짜 보는 것처럼 입체감 있는 그림을 그리기 위해 수학적 정확성이 필요했다.

물론 레오나르도 다빈치는 전문적인 수학자로 수학사에 길이 남을 문제풀이를 했던 사람은 아니지만, 그는 르네상스적인 지식인이자 수학자로서의 자취를 남기고 떠났다.

르네상스의 정신을 떠올려보자. 고대의 자유로움과 인간다움을 회복하자는 정신! 다빈치는 고대 그리스의 아르키메데스를 닮은 사람이었다. 다빈치 또한 아르키메데스처럼 풍부한 상상력으로 발명하는 것을 좋아했다. 그는 20세기 초 라이트 형제가 비행기를 발명하기 훨씬 전인 15세기에 헬리콥터를 생각했던 사람이기도 하다. 다빈치는 전쟁 기계에서 농기구, 악기에 이르기까지 많은 발명을 했는데, 그의 아이디어는 오늘날까지 유용하게 쓰이고 있다.

그가 우주에 대해 생각할 때는 고대 그리스의 플라톤처럼 생각했다.

"우주는 끝없이 펼쳐져 있는 게 아니다. 우주는 12면체처럼 생겼다."

플라톤은 만물이 불, 흙, 공기, 물의 4가지 원소로 이루어졌다고 생각했고, 이것들은 각각의 입체로 나타낼 수 있다는 것을 여러분은 이미 알고 있을 것이다. 그 4가지를 모두 아우를 수 있는 것은 12면체인데 이것이 우주의 모든 것이라고 플라톤은 생각했다. 다빈치 또한 12면체의 우주를 연구했다.

다빈치는 특별한 재능을 타고난 사람으로 이름을 날렸지만, 어릴 때는 관찰하는 것과 그림 그리는 것을 좋아하는 호기심 많은 아이였을 따름이다. 아이는 턱을 괴고 하늘을 보다가 머나 먼 우주의 이야기를 상상했을 것이다. 그리고 꿈을 가졌다.

'나는 신비로운 이야기들을 세상 사람들에게 들려주고 싶다. 나는 그림 그리는 것을 좋아하니까 그걸 몽땅 그림으로 그려놓을 테야.'

훗날 다빈치는 꿈을 이루게 된다. 수학, 과학, 의학 그리고 종교에 이르기까지 모든 것을 그림으로 그릴 수 있는 사람이 되었으니까. 그림은 그의 감정과 지식, 사상, 전달하고 싶은 이야기를 표현하는 그만의 언어였다.

인쇄술의 발명

: 지식의 공유와 확산

르네상스의 문예 활동은 인쇄술 덕분에 더욱 활발하게 이루어질 수 있었다. 드디어 파피루스 두루마리가 아닌 지금 형태의 책을 볼 수 있게 되었던 것이다.

인쇄술은 1450년 구텐베르크(Johannes Gutenberg, ?~1468)에 의해 발명되었는데, 인쇄술의 발명으로 더 이상 책을 손으로 베껴 쓰지 않아도 되었다. 정보의 독점은 불가능해졌다. 지식이 다수에게 널리 알려질 수 있게 되었으므로, 많은 사람들이 지식을 공유하고 발전시킬 수 있는 혁신의 장이 만들어졌다.*

그런데 우리나라에서 이미 인쇄술이 쓰이고 있었다는 사실을 알고 있는가? 이때보다 약 750년 전인 신라 시대부터 우리 나라에서는 목판 인쇄술이 시작되었다. 이것은 세계 최초의 일이었다. 고려 시대와 조선 시대에도 인쇄술은 널리 사용되고 있었다. 불국사의 석가탑에서 발견된 『무구정광 대다라니경』은 세계에서 가장 오래된 목판 인쇄본으로 유명하다. 현재 이 국보는 국립 중앙 박물관에 가면 볼 수 있다.

인쇄술과 정보의 대중화

인쇄술의 발명은 필사 단계를 지나 책이나 문서의 대량 생산이 가능하게 만들었다는 그 이상의 의미를 갖는다. 과거 지식과 정보는 권력층의 전유물이었고, 권력층은 일반 대중보다 많이 '안다'는 것으로 자기네의 권력 기반을 다질 수 있었다. 인쇄술의 발명과 발달은 권력층이 향유하던 지식과 정보가 대중적으로 확산되는 계기를 마련했고, 이로 인해 비판 정신과 시민 정신이 싹텄다. 그리고 인쇄술로 말미암아 지식과 정보를 수집하고 이용하는 것이 보다 쉬워져 문명 발달에도 속도가 더해지게 되었다.

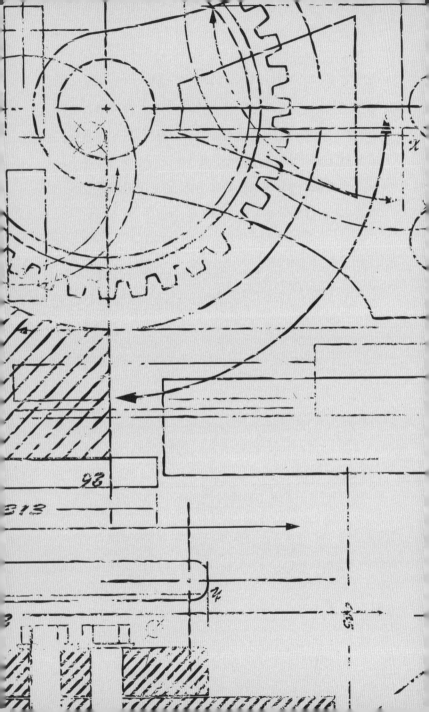

CHAPTER **7**

수학으로
세상의 모든 현상을
설명하다

수학의 역사는 돌탑을 쌓는 것과 비슷하다. 과학계에서는 어떤 혁명적인 아이디어가 나타나면 이전의 개념들은 그대로 묻히는 경우가 허다하다. 지구가 태양 주위를 돌고 있다는 사실이 밝혀지면서 천동설이 부정되는 것처럼 말이다. 하지만 수학의 개념들은 하나의 아이디어 위에 새로운 아이디어가 덧붙여지면서 계속적으로 진화해간다.

수학은 동굴의 원시인부터 현대를 살아가는 우리를 하나로 연결하고 있다. 17~18세기에 이르러 이러한 생각의 퇴적층 위로 혁명적인 아이디어들이 나타나기 시작했다. 새로운 수학의 황금시대가 열린 것이다.

로그가 발명되면서 계산 시간이
획기적으로 줄어들다

: 근대 수학의 지평을 넓힌 수학자, 존 네이피어

옛날 수학자들은 계산기도 없이 어떻게 계산을 했을까?

물론 피보나치가 아버지를 위해 계산기를 만들었다고는 하지만, 많은 사람들이 손쉽게 이용할 수 있는 것은 아니었다. 계산기가 너무 크고 복잡해서 어쩌면 손으로 계산하는 게 더 빨랐을지도 모른다. 계산을 해야 하는 수학자와 과학자들은 항상 계산 때문에 골치가 아팠다. 큰 수를 계산하려면 풀고 또 풀어야 했으니 계산하는 일이 힘에 겨운 게 당연했다.

그런데 17세기에 마술을 부린 것처럼 계산 시간이 줄어드는 일이 생겼다. 바로 로그(logarithm)의 발명 때문이었다. 이것은 근대 수학을 여는 계기가 된 대단한 발명이었다.

사람들은 말했다.

"로그의 발명이 천문학자의 수명을 두 배로 늘렸군."

아무도 풀지 못했던 문제들을 풀 때는 상상력이 풍부한 사람이 유리하다. 로그의 발명도 창의력에서 나온 것이었다.

이 일을 했던 사람은 존 네이피어(John Napier, 1550~1617)라는 수학자다. 그는 1550년에 태어나 17세기 초기까지 활동했던 수학자로, 스코틀랜드 작은 마을의 영주였지 직업적인 수학자는 아니었다. 그는 요한계시록을 자기 나름대로 해석해서 글을 쓰는 일을 좋아했다. 그는 지주였지만 수도자로서 기독교의 정신을 몸소 실천하려고 애썼다.

어느 날 네이피어는 이런 이야기를 듣게 된다.

"계산하는 일이 너무 어려워서 고생하는 학자들이 있대. 밤을 새서 계산만 해도 끝나지 않는다고 하던 걸."

근대로 접어들면서 과학에서도 많은 연구들이 이루어졌는데, 복잡한 계산을 해야 하는 일이 자주 있어서 많은 사람들을 두통에 시달리게 했다. 지금은 계산기와 컴퓨터가 복잡한 계산을 대신해주기 때문에 과학적인 사실을 보다 쉽게 밝혀낼 수 있지만, 옛날에는 그렇지 못했다.

수학 계산은 과학의 기본이 되기 때문에 이를 위해 애쓰는 사람들이 있었다. 계산하고 또 하고, 틀리지 않았는가를 확인하는 일로 많은 시간을 보내야 했다. 네이피어는 생각했다.

'그렇게 힘들게 계산하는 과학자들을 위해 내가 할 수 있는 일이 없을까? 그들을 도울 수 있는 방법을 생각해야겠어.'

그는 어려움에 처한 사람이면 누구든 도울 수 있다고 생각하는 버릇이 있었다. 처음에는 전문적으로 수학만을 하는 사람이 아니었지만, 이 일을 계기로 네이피어는 수학사 최고의 발명왕이 되었다.

네이피어는 아르키메데스의 「모래 계산자」를 연구해 그 속에서 새로운 계산법을 발견해냈다. 그는 '네이피어 막대'와 로그표를 만들어 복잡한 셈을 보다 쉽게 할 수 있도록 했다. 상상력과 창의력으로 고대의 수학을 새롭게 빛나게 만든 순간이었다. 아르키메데스가 모래 계산자였다면, 네이피어는 막대 계산자였던 것이다.

지수 함수 $a^a = b$를 로그를 이용한 기본식으로 바꾸면 다음과 같다.

$$\alpha = \log_a b$$

α는 a를 밑으로 하는 b의 로그다.

지수 함수 $a^\alpha = b$를 그대로 사용한다면, 지수 α가 커지면 b의 값도 기하급수적으로 커지게 된다. 그렇게 큰 수를 함수의 그래프로 나타내려면 공간이 턱없이 부족하게 된다. 그러나 로그를 이용하여 지수 α와 b의 자리를 바꾸게 되면 계산이 보다 간편해지는 것이다.

로그의 발명은 수학 계산이 기본으로 이루어져야 하는 천문학, 공학, 경제학 등에 유용하게 쓰였다. 계산 시간이 최소한으로 줄어들었고, 계산자들은 로그를 이용해 빨리 계산을 끝내 놓고 남는 시간에 피로를 풀고 다른 연구에 전념할 수 있었다.

"네이피어는 놀라운 발명가다. 로그는 정말로 신기해. 어려운 셈들을 일일이 하지 않고도 로그표와 로그자만 있으면 정확하게 계산해낼 수 있다."

계산자들은 열광했다.

도대체 어떤 사람이 봉사 정신으로 수학적인 발명을 하겠다고 덤빈단 말인가. 네이피어는 성경을 연구하면서 교황을 이단이라고 생각했던 사람이다. 그의 상상력은 시대를 뛰어넘는 경우가 많아서 항상 사람들을 깜짝 놀라게 만들었다.

"네이피어는 매일 이상한 말만 하는 것 같아. 그는 마법사

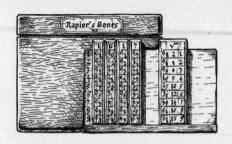

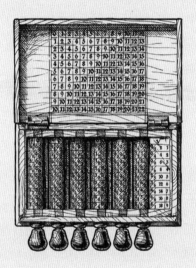

네이피어의 아이디어를 바탕으로 1600년대 중반과 후반에 나온 계산 도구들이다. 위쪽은 네이피어의 계산 막대(Napier's Bones), 아래쪽은 네이피어의 계산 테이블(Napier's calculating tables)이라고 부른다.

가 아닐까?"

17세기 근대에도 마법사 이야기는 끝나지 않았다. 네이피어가 당시 사람들이 상상할 수도 없었던 것들을 말했기 때문이다. 그의 이야기는 허풍쟁이가 꾸며낸 것처럼 엉뚱하게만 들렸다.

"미래엔 아르키메데스의 것보다 훨씬 빠르고 무서운 전쟁 기계들이 많이 생길 거야. 움직이는 총이 달린 큰 전차와 물속을 돌고래처럼 헤엄치는 배 같은 것 말이야. 대포는 수마일 저 너머까지 날아갈 수 있고, 총알은 쉬지 않고 뿜어져 나올 거야. 두고 보라고. 내 말이 틀림없을 테니."

400년 후에나 가능할 일들을 이야기했으니 어느 누가 네이피어의 말을 믿을 수 있었겠는가. 탱크와 잠수함에 대한 상상을 하기엔 매우 이른 시기였다. 그가 17세기의 공상 과학 소설가로 알려진 것도 이 때문이다.

네이피어가 도둑을 잡은 이야기도 아주 유명하다. 어느 날 그의 농장에 닭 도난 사건이 발생했다. 네이피어는 하인들을 모아놓고 이야기했다.

"나는 누가 닭을 훔쳤는지 알고 있다."

이 말에 하인들은 모두 겁을 먹었다. 네이피어가 마법을 부리는 사람이라고 생각하기 때문이었다.

네이피어는 닭장을 어둡게 해놓고 하인들을 한 사람씩 닭장에 들여보냈다. 그리고 닭을 만지고 돌아오라고 했다.

'이것은 새로운 마법인가 보다.'

하인들은 두려움에 떨며 시키는 대로 했다. 네이피어는 곧 범인을 잡을 수 있었다. 모두 손에 검은 때가 묻었지만, 한 사람만이 깨끗한 손으로 나왔다. 네이피어가 닭의 몸에 검은 칠을 해두었고, 범인은 닭을 만지면 범인으로 밝혀질까 봐 닭을 만지지 않았던 것이다.

도둑을 잡은 것은 마법이 아닌 추리였다. 네이피어는 도둑의 양심을 이용해서 도둑을 잡을 수 있었던 것이다. 이런저런 일화들 때문에 네이피어가 실제로 초능력을 가진 사람이었다는 소문도 있지만, 확실한 이야기는 아니다.

물론 지금은 네이피어의 발명이 그리 유용하지는 않다. 로그표를 들여다볼 필요 없이 계산기를 누르기만 하면 되니까 말이다. 그러나 로그 함수는 수학과 과학의 발전에 지대한 영향을 끼치면서 아직도 중요한 자리를 차지하고 있다.

수학의 대중화를 꾀한 데카르트

: 프랑스어로 쓰인 최초의 수학책

"나는 생각한다, 고로 존재한다(cogito, ergo sum)"라는 유명한 말을 남긴 르네 데카르트(René Descartes, 1596~1650)는 1637년에 『방법서설(方法序說/Discours de la méthode)』을 내면서 역사에 길이 이름을 남길 수학자가 되었다.

원래의 제목은 '이성을 올바르게 이끌어 여러 가지 학문에서 진리를 구하기 위한 방법에 관한 서설'로, 짧게 줄여서 '방법서설'이라고 불렀다. 데카르트는 이 책에서 진리를 연구하는 방법 그리고 이성을 가진 사람이 어떤 방식으로 생각해야 하는가를 설명해두었다.

르네상스로 중세의 암흑기를 벗어났지만, 근대의 사회는 아직도 구시대의 사고방식에서 완전히 벗어나지 못하고 있었다. 데카르트는 그런 근대의 정신을 새롭게 이끌었던 지식인이었다. 『방법서설』은 근대인에게 새롭게 철학하는 방법을 가르쳐 준 의미 있는 책이었다.

『방법서설』에는 진리 탐구의 방법뿐만 아니라 철학과 수학을 기본으로 물리학, 천문학, 광학, 해부학, 기상학에 이르는 다양한 연구 결과들이 담겨 있었다. 데카르트는 좌표 평면을 고안해 기하학을 대수학적인 기호로 표시하고, 그것을 좌표 평면 위에 표시할 수 있게 했다. 데카르트를 두고 기하학과 대수학의 중매자라고 이야기하는 것은 그 때문이다. 좌표의 개념은 공간을 수학적으로 이해했다는 데 큰 의미가 있다.

이전까지의 수학책들은 모두 라틴어로 쓰였지만, 『방법서설』은 데카르트의 모국어인 프랑스어로 쓰였다. 이것은 최초의 시도이기도 했다. 모두가 수학은 라틴어 원서로만 배워야 한다고 생각하던 시절이었는데 말이다. 데카르트는 합리적인 선택을 했다. 많은 이들이 읽지 못하는, 어려운 라틴어로 쓴 책보다는 많은 사람들이 읽을 수 있는 실제적인 방법을 택했던 것이다.

데카르트는 이외에도 「성찰」, 「철학의 원리」, 「기하학」 등을 부록으로 발표했다. 그는 경험에 의한 합리적인 사고를 중요하

고대의 학문은 철학과 물리학, 수학, 천문학이 별개의 분야가 아니었다. 고대 그리스의 학자들은 철학자이자 수학자이며 천문학자이자 공학자였다. 하지만 각 학문 분야의 전문성이 더해지면서 학문은 여러 갈래로 분리되기 시작했고, 르네상스 이후에는 그러한 성향이 뚜렷해졌다. 이런 가운데 눈에 띄는 인물이 데카르트다. 그는 세인들에게 철학자로 널리 알려져 있으나, 수학사에 큰 족적을 남긴 수학자였고, 해박한 의학 지식을 갖추어 의학과 해부학에도 일가견이 있었으며, 생명 운동의 원리를 파헤친 생물학자이기도 했다.

게 생각했는데, 그의 사상은 서양 사회가 과학을 발전시키는 데 큰 밑거름이 되었다. 데카르트는 근대 철학의 아버지로 불린다.

데카르트의 아버지는, 태어나자마자 어머니를 잃고 몸도 허약했던 데카르트를 안쓰럽게 생각했다. 부모에겐 유난히 가슴에 맺히는 자식이 있는 법이다. 남들이 아이를 버릇없이 기른다고 핀잔을 줄 때마다 아버지는 생각했다.

'나는 이 애가 섬세하고 상상력이 풍부한 아이라고 생각한다. 이 아이는 누워 있지만 결코 잠들어 있는 게 아니다.'

건강하지 못했던 데카르트는 남들과 제대로 어울리지도 못했고, 다른 사람들처럼 활동적으로 생활할 수도 없었다. 그는 늘 고단했다. 데카르트는 친구를 잃을까 봐 파리에서 생활하기도 했지만, 곧 귀족 젊은이들의 방탕한 생활에 싫증을 느꼈다.

데카르트는 파리를 떠나 검소한 하숙집에서 2년간이나 외출을 자제하고 연구에만 몰두했다. 그의 생활은 단순 그 자체였다. 책상에 앉기, 서성거리며 책 읽기, 누워서 생각하기……. 그래도 하루 종일 심심하지 않고 피곤하지도 않았다.

친구들은 데카르트를 두고 쑥덕거렸지만, 그는 매일 열심히 연구하면서 틈틈이 '어떻게 살아야 할 것인가'를 고민했다. 그런데 파리의 친구들이 그를 가만히 내버려두지 않았다. 숨어 있던 데카르트를 찾아내 하숙집까지 쳐들어와서 그의 공부를 훼방 놓으며 전처럼 즐겁게 지내자고 졸라댔던 것이다. 데카르트는 귀족 친구들을 피해 군대에 입대했다. 순전히 세속적인 것에서 벗어나기 위해 군인이 되었던 것이다.

어느 시대에나 전쟁은 늘 있었고, 데카르트가 살던 근대도 예외는 아니었다. 젊은 귀족들이 방탕한 생활을 하고 있던 그 순간에도 보통 사람들은 질병과 전쟁에 시달리고 있었다. 데카르트는 군인이 되어 여러 나라를 돌아다니면서 많은 것을 보고 느꼈다.

그의 성격은 그가 근대 수학의 중심이 될 수 있게 해주었지만, 사생활에는 별로 도움이 되지 못했다. 다른 사람들이 보는 데카르트는 우울하고 폐쇄적이고 괴팍하기만 했다. 보통 사람들 눈에는 언제든 "나를 좀 내버려두시오"라고 말하지 못해 안달인 데카르트가 이기적으로 보였다.

데카르트는 군대를 제대하고 과학이 발달한 네덜란드로 떠났다. 그곳에서 수학과 과학과 철학을 연구하면서 20년간 살았다.

400년 동안 풀리지 않은 페르마의 마지막 정리

: 어느 아마추어 수학자가 남긴 수수께끼

17세기에는 데카르트보다 다섯 살 정도 어린 페르마(Pierre de Fermat, 1601/1607~1665)라는 수학자가 있었다. 그는 1601년(최근 연구에 따르면 1607년에 태어났다는 설이 힘을 얻고 있다)에 프랑스의 한적한 농촌인 보몽드로마뉴(Beaumont-de-Lomagne)에서 태어났다. 페르마는 원래 수학자가 아니었다. 그는 가죽 장수의 아들로 태어나 지방 행정관으로 일했고 나중에 변호사로 활동했던 사람인데, 수학에 상당한 관심을 가지고 있었다.

페르마는 수학이 취미였다. 아마도 그를 가장 위대한 아마추어 수학자라고 말할 수 있을 것이다. 그는 학설을 발표해서 수학자로서의 명성을 쌓을 생각 없이 순수하게 진리 탐구를 위해 수학에 열중했다.

페르마는 17세기의 많은 수학자들과 두루 잘 지냈지만, 데카르트와는 친하지 않았다. 데카르트가 워낙 낯을 가렸기 때문이기도 하고, 여러 가지 면에서 라이벌이었기 때문이기도 했다. 데카르트가 해석 기하학(解析幾何學)*을 생각했을 때, 페르마도 같은 생각을 했다고 하는데 아마도 그런 이유로 데카르트가 페르마를 별로 좋아하지 않았는지도 모른다.

수학을 취미로 하는 사람이 수학사에 길이 남을 수학자가 되다니, 어떻게 된 일일까?

페르마가 디오판토스의 『산술』을 읽다가 책에 낙서를 해두었는데, 이것이 대단한 정리가 되어서 후세에 '페르마의 마지막 정리'로 남게 된 것이다. 그런데 페르마는 그 정리를 어떻게 증명했는지 알려주지 않고 숨을 거두고 말았다. 훗날 수학자들은 이 정리를 풀기 위해 거의 400년의 시간을 보냈다.

페르마의 마지막 정리가 탄생한 것은 17세기이지만, 이것

해석 기하학 analytic geometry

기호의 학문인 대수학과 도형의 학문인 기하학을 하나로 묶은 수학의 한 분야다. 기하학적 도형을 좌표에 의해 나타내고 그 관계를 로그, 미분, 적분 등을 써서 연구한다. 고대 그리스 수학자들의 아이디어 속에 그 싹이 엿보인다. 17세기 들어 페르마가 이를 알기 쉽게 설명했고, 데카르트가 정리를 했다.

여러 수학 기관에서 페르마의 마지막 정리를 증명하는 사람에게는 상금을 주겠다는 포상금을 내걸었다. 그중에서 가장 유명한 사례는 독일의 기업가인 파울 볼프스켈(Paul Wolfskehl)이 10,000마르크를 내건 일이다. 결국 페르마의 정리는 앤드루 와일스에 의해 증명된다. 위의 사진은 앤드루 와일스가 페르마의 마지막 정리가 새겨진 페르마의 동상 앞에서 포즈를 취한 것이다.

이 완전하게 증명된 것은 1993년 앤드루 와일스(Andrew Wiles, 1953~)라는 영국 수학자에 의해서였다. 페르마의 마지막 정리는 아래와 같다.

$x^n + y^n = z^n$ 이상의 정수인 경우 이를 만족시키는 자연수 x, y, z는 존재하지 않는다.

수학의 새로운 황금시대

: 인간의 자유로운 정신을 추구한 수학자들

수학을 연구하는 것은 산을 오르는 것과 같다. 마법을 부려서 단숨에 산을 올라갈 수는 없는 일이다. 수학이라는 높은 산을 오르기 위해서는 어느 누구든 산 밑에서 길을 떠나야 한다. 모두에게 공평한 시작! 그다음은 누가 더 열심히 오르는가의 문제다. 수학의 역사 또한 산을 오르는 것처럼, 돌탑을 쌓는 것처럼 차근차근 진행된 것이다.

수학과 과학에는 차이가 있다. 과학은 새로운 학설이 나오면 지난 것을 뒤집어버린다. 지구가 타원 모양이라는 게 밝혀지면, 지구가 공 모양이라는 이전의 생각을 버려야 하는 것처럼 말이다. 그러나 수학의 경우는 다르다. 문제를 푸는 데는 여러 가지 방법이 있으니까 새로운 방법이 발견되어도 이전의 것을 완전히 버리지는 않는다. 오히려 예전의 방법들을 이용해서 더 어려운 문제들을 풀게 된다.

수학자들은 쌓여 있는 돌탑에 새로운 돌을 하나 얹는 사람들이다. 처음 수학자가 1차 방정식을 풀면, 다음 수학자는 2차 방정식을 풀고, 그다음 수학자가 3차 방정식을 풀고……

수학의 기초는 거의 기원전에 형성되었다고 해도 과언이 아니다. 기원전에 삼각형이던 것이 지금에 와서 사각형이 될 수는 없는 노릇! 훗날의 수학자들은 그 기초를 토대로 계단을 하나하나 오르듯이 연구를 해왔던 것이다. 근현대로 넘어오면서 뉴턴과 라이프니츠가 미적분학이라는 새로운 돌멩이를 얹어두었으니 다음 수학자들의 일이 좀 수월해졌다.

세상은 또 한 번의 폭풍을 겪었는데, 1789년에 시작되어 5년간 이루어졌던 프랑스 혁명이 그것이다. 왕권에 반발해 시민들이 움직이기 시작했고, 모든 사람은 자유롭고 평등하다는 생각을 가진 사람들이 변화의 바람을 몰고 왔던 것이다.

이때의 상황이 수학사에 큰 영향을 끼친 것은 아니었지만, 수학자들이 봇물 터지듯이 많이 쏟아져 나온 것만은 확실하다. 이제부터 수학은 전혀 다른 세상을 맞이하게 된 것이다.

고대 그리스 이후 수학이 가장 폭발적으로 연구되었던 때이기도 하다. 2,200년 만에 드디어 유클리드가 마련한 기하학의 기초에 비유클리드 기하학이라는 새로운 돌탑을 쌓게 된 시기도 이때다.

기원전에는 B.C. 3세기경 유클리드와 아르키메데스가 나와서 폭발적인 연구가 이루어질 때를 '수학의 황금시대'라고 불렀다. 근대에도 새로운 수학의 황금시대가 도래했다. 보다 어려운 수학 문제가 많이 풀리게 되었고, 기하학의 공간은 무한히 확대되고, 숫자에 대한 연구가 더 깊어진 시기였다. 이때의 수학자들은 공식이 완전한 진실이 아닐 수도 있다고 여겼기 때문에 공식들을 비판적으로 바라보기도 했다. 그러는 과정을 통해 이들은 더욱 많은 것을 발견해 돌탑을 튼튼하고 높게 쌓을 수 있었다.

피콕*이란 수학자는 이렇게 말했다.

"공식이란 아무것도 아니다. 그저 규칙이 있을 뿐. 수학이

피콕 George Peacock, 1791~1858

영국의 수학자이자 천문학자다. 영국 성공회의 성직자이기도 했다. 『대수학(Treatise on Algebra)』을 펴냈는데, 이 책은 유클리드의 『기하학 원론』이 기하학을 총정리한 것처럼 대수학을 체계적으로 정리하고 있다.

라는 경기를 할 때 규칙은 마음대로 정해도 된다. 그러나 말도 안 되는 규칙은 안 된다. 규칙은 언제나 논리적이어야 하니까 말이다. 논리가 통한다면 공식은 얼마든지 새롭게 만들수 있다."

현대 수학은 보다 자유로운 정신을 갖게 된 것이다.

미분과 적분에 담긴 근대정신

: 수의 세계에 시간과 공간이 스며들다

현대 수학에 있어서 시간과 공간은 가장 중요한 개념이 되었다. 아인슈타인의 상대성 이론과 휘어진 시공간과 4차원의 세계, 그 모든 것은 시간과 공간 그리고 움직임과 관련되어 있다. 사람이 눈으로 보는 것과 실제로 존재하는 것에는 차이가 있는 법이다.

그런 모든 개념의 씨앗이 고대 그리스 시대에 뿌려졌다는 것은 놀라운 일이다. 제논, 유클리드, 아르키메데스, 아폴로니우스, 디오판토스 등 고대 수학자들의 연구가 유럽의 암흑 시기를 거치면서 차단되지만 않았더라면 그 정신은 더욱 빨리 계승되었을 것이다. 페르마와 파스칼(Blaise Pascal, 1623~1662),

데카르트, 뉴턴, 라이프니츠, 오일러(Leonhard Euler, 1707~1783) 등이 고대의 수학을 근대적인 것으로 발전시켰다는 사실은 정말 다행스러운 일이다. 특히 이들은 고대 수학의 장황한 체계를 간단하게 만들 수 있는 쉽고 간단하고 아름다운 기호 체계를 만들어 수학의 발전에 지대한 공헌을 했다.

종교적인 혹은 정치적인 억압 아래서는 새로운 상상력이 피어나기 어렵다. 사람도 마찬가지다. 칭찬은 고래도 춤추게 한다는데, 개인의 사소한 행동과 생각들이 모두 간섭받고 비난받는다면 어느 누구도 놀랄 만한 사고 체계를 갖출 수 없고 창의력을 꽃피울 수 없을 것이다. 그러기에 사람은 따뜻한 지지를 필요로 한다.

수학에 있어서의 따뜻한 지지는 근대의 정신이었다. 르네상스를 거치면서 꽃피우기 시작한 인간 중심의 사상은 근대에 이르러 실험 정신으로 발전했다. 코페르니쿠스, 갈릴레이(Galileo Galilei, 1564~1642), 케플러(Johannes Kepler, 1571~1630)와 같은 선구적인 인물들이 종교적 죄의식에 사로잡혀 우주에 대한 새로운 발상을 감히 할 수 없었던 세상을 뒤엎어버린 것은 큰 의미가 있다.

시대적 흐름을 타고 근대의 정신이 낳은 최고의 수학 발명

기독교 세계관이 퍼지기 이전에도 많은 학자들이 지구중심설(천동설)을 주장했다. 지구가 우주의 중심이며, 천체는 지구와 인류를 위해 존재한다고 여겼던 것이다. 기원전 3세기의 아리스타르코스를 비롯한 몇몇 철학자와 학자는 태양중심설(지동설)을 구상했으나, 프톨레마이오스가 천문학을 집대성한 『알마게스트』(140년경)를 펴낸 후 지구중심설이 상식으로 받아들여졌다. 하지만 16세기에 이르러 코페르니쿠스가 수학적 모델을 통해 태양중심설을 주장하고, 케플러가 이를 수학적으로 증명하며, 갈릴레이가 천체 망원경으로 관측함으로써 드디어 태양중심설이 받아들여지게 되었다. 위의 그림은 지구중심설을 표현한 그림이다.

품은 바로 미분과 적분이라고 해도 과언이 아니다. 행성의 궤도, 움직이는 지구, 무한한 우주, 이러한 우주 공간의 운동과 변화, 속도 등을 설명하기 위해 새로운 수학이 필요했다. 이때 뉴턴과 라이프니츠가 등장한 것은 결코 우연이 아니다. 수학의 운명이 그들을 선택했다.

뉴턴과 라이프니츠의 미적분학 논쟁

: 세상의 많은 현상을 수학적으로 표현한 수학자들

아이작 뉴턴(Isaac Newton, 1642~1727)의 저서 『프린키피아』*의 원제는 '자연 철학의 수학적 원리'로, 뉴턴이 연구한 과학의 모든 것이 들어 있는 고전 중의 고전이다. 어떤 사람들은 뉴턴을 아르키메데스 이후 최고의 과학자라고 말하곤 한다. 뉴턴을 빼놓고는 과학을 이야기할 수 없을 정도로 그의 영향력은 대단한 것이었다.

프린키피아 Principia

1687년에 출간된 아이작 뉴턴의 역작이다. 원제는 '자연 철학의 수학적 원리(Philosophiae Naturalis Principia Mathematica)'다. 이 책을 통해 뉴턴은 만유인력의 법칙을 처음으로 세상에 알렸다. 라틴어로 쓰였지만, 대중의 이해도를 고려해 어려운 미적분은 거의 사용하지 않았다. 총 3편으로 구성되어 있다.

『프린키피아』에는 우주의 비밀을 밝히려는 뉴턴의 노력이 고스란히 담겨 있다. 뉴턴은 우주를 연구하기 위해 가장 먼저 필요한 것이 수학이라고 생각했다. 달과 별들의 움직임들을 계산해내지 않으면 아무것도 알아낼 수 없었기 때문이었다. 중력 또한 수학으로 계산해내야 했으니 말이다.

'자연 철학의 수학적 원리'라는 말 그대로 뉴턴은 이 책에 수학에 관한 정리들을 많이 실었다. 미적분학을 비롯해서 방정식을 푸는 방법을 발명하기도 했다. 뉴턴도 미적분학의 기호들을 많이 만들었지만, 지금 쓰이는 것은 라이프니츠의 기호들이다.

라이프니츠(Gottfried Wilhelm Leibniz, 1646~1716)는 미적분에서 연구물을 많이 남긴 사람이라 항상 뉴턴과 비교되곤 한다. 라이프니츠를 말할 때 이런 이야기가 자주 거론된다.

'뉴턴보다 늦게 태어나서 일찍 죽은 사람'

'뉴턴이 많은 사람들에 둘러싸여 웨스트민스터 사원에 묻힐 때, 혼자서 외롭게 떠나간 사람'

라이프니츠는 항상 뉴턴의 그림자에 가려 있었다. 뉴턴은 학자로서 많은 명예와 영광을 누리고 뉴턴 경(卿, sir)이라 불리며 많은 이들이 떠받들기만 해서 맘대로 성깔을 부리며 살았지만, 라이프니츠는 그렇지 못했다. 그러나 라이프니츠는 미적분학의 기본 정리들을 발견하고, 아름답고 유용한 기호와 공식들을 많이 남겼다.

뉴턴과 라이프니츠 중에 누가 먼저 미적분학을 발견했는가를 따지는 논쟁은 그야말로 전쟁을 방불케 했다. 지금 와서 보면 무의미한 갈등이었다. 두 사람은 전혀 다른 방식으로 미분과 적분을 연구했기 때문이다. 뉴턴이 극한의 개념에서 출발해 유율(流率)로 접근했다면, 라이프니츠는 곡선의 기울기와 차이(差異)로 접근했다.

"사칙 연산만 하면 되지, 왜 쓸모도 없는 미분 적분을 배우는 걸까?"

학생들은 이런 말을 자주 한다. 그러나 우리 생활에서 미분 적분은 대단히 활용도가 높은 과목이다. 일기 예보를 할 때 미분 방정식이 필요하다는 것은 생소한 이야기일 것이다. 운동과 속도를 수학적으로 계산할 수 있게 해주는 것이 바로 미분 방정식이다. 기상센터에서는 매일 풍향, 풍속, 온도, 습도, 기압, 강수량 등등을 조사하고 계산하는 일을 한다. 주식의 전문가가 되려면 미분을 좀 알아야 한다. 금리, 환율, 주가 등도 모두 미분의 영역이라고 한다. 미분은 움직임을 수학화한 것으로 속도와 움직임의 양 등을 계산해낼 수 있으므로 발레리나의 움직임도 수학적으로 나타낼 수 있는 것이다.

라이프니츠는 철학 교수였던 아버지 밑에서 자라면서 자연스럽게 공부하는 습관을 갖게 되었다. 그는 열다섯 살에 법대에 진학해서 법학 박사가 될 수 있을 정도의 실력을 갖추었지만, 너무 젊다는 이유로 박사 학위를 받을 수가 없었다. 그는 고향을 떠나 하노버 왕가의 변호사와 외교관으로 살아가게 된다.

라이프니츠는 왕가의 업무를 보면서도 끊임없이 공부에 열중했다. 그는 무슨 일이든 학자와 같은 태도로 열심히 처리했다. 출장을 가는 도중에 쓴 글이 훌륭한 논문이 되는 경우도 많았다.

26세가 되던 해, 라이프니츠에게 운명적인 사건이 일어났다. 외교관으로 파리에 갔다가 하위헌스*라는 물리학자이자 수학자를 만나게 된 것이다. 그는 하위헌스에게 홀딱 반해서 수학을 가르쳐달라고 다짜고짜 부탁했다. 이때부터 라이프니

하위헌스 Christiaan Huygens, 1629~1695

네덜란드의 수학자다. 물리학 분야에서 많은 업적을 남겼으며, 굴절 망원경을 발명하여 토성이 고리를 가진 사실을 발견하는 등 천문학자로도 활동했다. 그의 저서인 『진자시계』는 뉴턴의 『프린키피아』에 견줄 만한 역작으로 평가받고 있다.

츠는 수학자로서의 행보를 걷게 된다. 그는 계속 외교관으로 일하면서 하위헌스와 편지를 주고받으며 수학에 몰입했다.

라이프니츠는 뉴턴이 미적분학으로 명성을 얻은 후에야 자기 연구를 세상에 내놓았다. 때문에 라이프니츠의 연구는 뉴턴에게 묻혀서 빛을 발할 수 없었고, 세간의 오해를 불러 일으켰다.

힘든 일은 연이어 찾아왔다. 하노버 왕가가 무너지면서 그 또한 설 자리를 잃게 된 것이다. 그리고 그는 미적분학에 관련된 소모적인 논쟁에 시달리다가 숨을 거두게 되었다. 비서와 삽질하는 사람, 단 두 사람만이 그가 땅에 묻히는 순간을 지켜주었다.

라이프니츠는 젊은 시절, 하위헌스에게 이런 편지를 썼다.

선생님, 상상하는 것들을 도형이나 대수 말고 다른 것으로 표현할 수도 있지 않을까요? 마음속에 떠오른 것을 정확하게 표현할 수 있는 새로운 기호 말입니다.

탐구 정신과 상상력, 소박한 소망을 가지고 있던 라이프니츠는 참다운 학자였다.

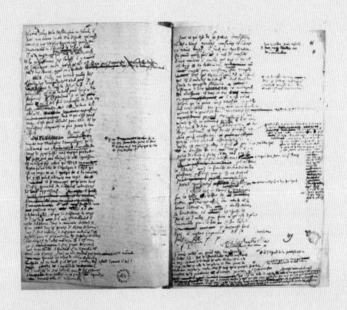

라이프니츠의 노트다. 다른 수학자들과 마찬가지로 라이프니츠는 다른 학자들과 많은 편지를 주고받았고, 머릿속에 떠오른 생각을 일기 형식의 글로 남겼다. 수를 다루는 수학자들에게도 글쓰기는 자신의 연구에 깊이를 더하고 생각을 정리하는 중요한 덕목이었다.

뉴턴과 라이프니츠 두 사람 사이에 처음엔 서로 점잖게 편지가 오갔지만, 누군가의 도전이나 비평을 받는 것에 예민한 반응을 보이곤 했던 뉴턴이 화를 내기 시작하면서 싸움이 격렬해졌다.

뉴턴은 성공적인 학자였음에도 불구하고, 감정을 주체하지 못하는 유아적인 성향이 있었다고 한다. 그는 변덕스럽고 욱하기를 잘해서 연애다운 연애도 한 번 못해봤다. 뉴턴은 연금술에도 심취해 있었다. 뉴턴이 육체적으로나 정신적으로 피폐했던 것은 수은 중독 때문이었다는 설도 있다.

뉴턴과 라이프니츠 사이에 껄끄러운 일이 있었던 것은 분명하지만 이 둘의 연구는 수학에 큰 힘을 실어주었다. 미분과 적분은 이전에는 계산할 수 없었던 어려운 것들을 척척 계산하게 해주었다. 아무리 꼬불꼬불한 모양이라도 부피를 쉽게 구해낼 수 있고, 에너지와 중력 등의 물리학적 문제도 술술 풀어낼 수 있게 된 것이다.

수학, 과학의 여왕 자리에 등극하다

: 수학의 위상을 끌어올린 천재 수학자 가우스

뉴턴은 수학을 과학의 도구라고 여겼지만, 좀 다르게 생각한 사람이 있었다. 그 사람은 수학이 과학을 위해 친절하게 일하기는 하지만, 과학보다 앞서 개척되어야 한다고 생각했다. 그래서 그 사람은 이런 유명한 말을 남겼다.

수학은 과학의 여왕이다.

그 사람은 수학을 정말 멋있다고 생각했다. 그리고 그의 말은 근대 과학 발전에 시종 역할처럼 밀려나 있던 수학을 새롭게 무대의 주역으로 끌어 올리게 되었다. 이제 수학이 주인공의 자리에 서게 된 것이다.

그는 바로 19세기 최고의 수학자이자 '수학의 왕자'라고 불렸던 가우스(Carl Friedrich Gauss, 1777~1855)다.

가우스는 1777년 독일에서 태어나 19세기에 왕성하게 활동했던 수학자다. 가우스는 가난한 벽돌공의 아들로 태어났다. 가우스는 무척 총명한 아이였지만, 아버지는 가우스를 교육시키는 일을 못마땅하게 여겼다. 아버지는 우락부락하고 난폭한 사람이었는데, 가우스가 공부하는 것을 어떻게 해서든 방해하려고 마음먹은 것만 같았다. 어린 아들을 윽박지르고 짓누르는 게 그의 일과였다.

가우스는 똑똑했지만 얌전하고 부끄러움이 많은 아이였다. 어머니가 아니었다면 아마도 아버지 말을 따랐을지도 모른다.

"먹고살기도 힘든데, 학교를 왜 보낸단 말이오! 나는 가우스를 벽돌공으로 만들 거요."

아버지는 어머니에게 자주 고함을 질러댔다.

'가우스처럼 영리한 아이가 학교에 갈 수 없다는 건 정말 비극이야. 아무리 가난하더라도 나는 가우스를 가르칠 거야.'

어머니의 결심은 굳건했다. 그녀는 연약한 사람이었지만, 가우스를 지키는 일에서만큼은 강해질 수 있었다. 어머니는 아버지에 맞서며 가우스를 교육시키려고 애썼다.

"나는 네가 자랑스럽다. 넌 뭐든 잘해낼 거야."

어머니는 가우스를 항상 칭찬해주었고, 용기를 북돋아주었다. 아버지가 아무리 억눌러도 자신감을 잃지 않았던 것은 모두 어머니 덕분이었다.

어느 날 가우스와 함께 수학을 공부하던 친구가 말했다.

"어머니, 가우스는 유럽에서 제일가는 수학자가 될 겁니다. 두고 보세요."

어머니는 그 말에 엉엉 울어버렸다.

가우스는 어머니가 얼마나 어렵게 자기를 교육시켰는지 알기 때문에 더욱 열심히 공부했다. 그는 친구의 말대로 유럽에서 제일가는 수학자가 되어서 어머니의 은혜에 보답했다.

가우스는 덧붙여 이렇게 말했다.

수론(數論)은 수학의 여왕이다.

가우스는 기하학과 천문학에 공헌했지만, 수에 대한 연구도 많이 했다. 이 연구를 통해 가우스는 대수학에서 새로운 공식들을 많이 만들게 되었다.

가우스는 어릴 때부터 수를 좋아해서 말보다 계산하는 것을 먼저 깨우쳤다고 할 정도로 수에 재능이 많았다. 수에 대한 그의 감각은 놀라운 것이었다.

어느 날 선생님이 아이들에게 어려운 계산 문제를 내놓았다. 1부터 100까지를 더하는 문제였다. 아이들이 열심히 덧셈을 하는데, 혼자만 가만히 있는 가우스가 눈에 띄었다. 선생님은 가우스가 놀고 있다고 생각해서 혼내주려고 했다.

그런데 계산을 한 흔적이 전혀 보이지 않았지만, 가우스의 석판 위에는 정답이 적혀 있었다. 가우스는 너무도 쉽게 문제 푸는 방법을 설명했다.

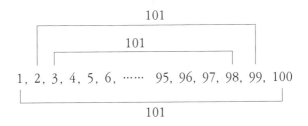

$$101 \times 50 = 5050$$

가우스는 배우지 않고도 등차수열의 개념을 이용할 수 있는 직관을 가지고 있었다. 선생님이 놀랄 일은 한두 가지가 아니었다. 가우스는 선생님이 가르쳐주지도 않은 것들을 혼자서 깨우치기도 하고, 아무리 어려운 것들이라도 신기하게 척척 계산해내고는 했다.

이 어린아이는 기존의 공식들에 비판 정신을 가지고 있었고, 새로운 것을 발견하려고 시도했다. 12세에 유클리드의 기하학 말고 다른 것이 있을 것 같다는 생각까지 했을 정도다.

'이 아이에게 내가 가르칠 수 있는 건 더 이상 없다.'

선생님은 이 대단한 소년을 대학에 보내야겠다고 생각했다. 그런데 선생님은 가우스의 집안 형편이 걱정되었다. 그는 가우스가 돈벌이를 위해 공부를 그만둘까 봐 페르디난트 공작에게 가우스를 소개시켜주었다. 공작은 나중에 죽을 때까지 가우스의 든든한 후원자가 되어주었는데, 어머니에 이은 그의 인생의 두 번째 은인인 셈이다.

가우스는 어린 나이에 수학자의 길에 들어서게 되었다. 그는 후원자 덕분에 아무런 걱정 없이 오로지 수학에만 몰두할 수 있었다. 가우스는 가난하게 자랐기 때문에 생활을 걱정하지 않고 공부만 한다는 것이 얼마나 행복한 일인가를 잘 알고 있었던 것이다. 그의 아버지는 언제나 공부를 때려치우고

페르디난트 공작(Charles William Ferdinand/Duke of Brunswick, 1735~1806)은 독일 브라운슈바이크뤼네부르크 공국의 공작이자 프로이센의 육군 원수를 지냈다. 생애 대부분을 군인으로 살았으나, 교육과 문화, 조세 제도 등을 개선하기 위해 노력한 계몽 군주이기도 하다. 프랑스 혁명에 사상적으로 동조하면서도 프랑스 혁명군을 상대로 전투를 벌여야 하는 상황에서 소극적인 태도를 취했다.

돈을 벌 궁리를 하라고 가우스에게 고함만 쳐댔다.

이때에도 많은 예술가들과 학자들이 생활이 어려운 탓에 제 능력을 발휘하지 못하는 일이 많았다. 그런데 페르디난트 공작은 당장 생산성이 없어 보이는 예술이나 학문에 더 많은 투자를 해야 한다고 생각했다. 공작은 이 뛰어난 젊은이가 힘이 들 때마다 항상 도움을 주었다. 공작은 가우스가 학위 논문을 낼 때마다 인쇄비를 냈고, 마음 편히 공부만 할 수 있도록 연구비와 연금까지 대주었다.

'불안한 장래 때문에 걱정해야 하는 나 같은 사람에게는 대단한 행운이야. 정말 고마운 분이다.'

가우스는 자신이 누리는 것을 당연하게 생각하지 않고 늘 페르디난트 공작에게 감사했다.

그런데 페르디난트 공작이 어느 날 숨을 거두고 말았다. 든든한 후원자가 죽자 가우스는 가장으로서 생계를 걱정하지 않을 수 없게 되었다. 어느새 30대의 나이에 접어들고 있었는데, 이때부터 어려운 일들이 많아졌다.

가우스는 괴팅겐 천문대장으로 새롭게 시작하게 되었다. 그는 야심이 없었기 때문에 그 자리에 만족했다. 그는 연구를 할 수 있는 곳이라면 어디든 갈 수 있다고 생각했다.

나이가 들어가면서 가우스는 명성을 얻게 되었지만, 모든 것을 다 이루었다고 안심하지 않았다. 그는 소박하게 살면서 연구를 계속해나갔다.

가우스의 수학 노트
: 가우스의 미발표 수학 이론들

가우스가 수학의 왕자라고 불리는 데는 그만한 이유가 있다. 그는 수학사의 천재라고 할 수 있을 정도로 많은 연구를 했다. 그러나 그는 하나를 발표하더라도 완전하게 하겠다는 신념 때문에 자신이 연구한 것을 창고에 쌓아두기만 해서 수학의 발전을 늦추고 있다는 비난을 받기도 했다.

가우스는 정수론, 전자기학, 천문학, 미분과 적분, 기하학, 행렬 등등 기하학, 대수학, 우주론에 이르기까지 수학의 모든 분야에 대해서 뛰어난 연구를 했지만, 그중의 일부만을 발표했기 때문에 그의 수학적 성과는 베일에 가려져 있었다.

그는 새로운 수학 논문들이 발표될 때마다 자신이 먼저 그

학설들을 발견했음을 언급했다가 온갖 시비에 휩쓸렸다. 이런 일이 반복되면서 그는 수학계에서 트집쟁이 정도로 인식되었고, 가우스는 외로운 처지가 되었다. 그는 이미 수학계에서 놀라운 성과를 쌓고 존경받는 위치에 있는 학자였는데, 다른 이들의 연구까지도 자기가 먼저 했다고 주장하는 것은 이해할 수 없는 행동이었던 것이다. 그는 극심한 피로를 느꼈고, 아예 말을 삼가는 쪽을 택했다.

그러나 그가 죽고 40년 후에 가우스가 평생 동안 써왔던 일기가 공개되면서 그의 말이 괜한 트집이 아니었음이 밝혀졌다. 가우스는 '과하·수학 일기(Notizenjournal/Gauss's diary)'라고 이름 붙인 공책에 연구한 내용을 일기 형식으로 상세하게 기록해두었던 것이다.

가우스가 왜 이런 식으로 자신의 연구를 혼자만 간직했는지는 아무도 모른다. 자기 검열이 심한 완벽주의자였기 때문인지, 연구 성과가 제대로 평가받지 못할까 봐 두려워하는 소심한 마음 때문이었는지는 가우스만이 설명해줄 수 있다. 작가에게 작가 노트가 중요하듯, 수학자에게 수학 노트가 얼마나 중요한지 보여주는 대목이다.

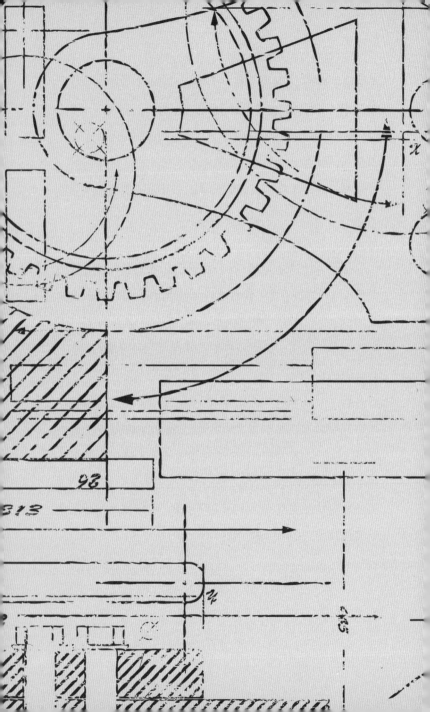

CHAPTER **8**

수학이 너를
자유케 하리라

수학의 역사에 발자취를 남긴 수학자들 중에는 불행한 삶을 살다가 이른 나이에 안타까운 죽음을 맞은 이가 있었고, 시대를 잘못 타고 태어난 탓에 자신의 학문적 업적을 인정받지 못한 채 생을 외롭게 보낸 이가 있는가 하면, 강박증과 편집증에 시달리기도 하고, 일상생활에서는 바보나 멍청이 소리를 들을 만큼 엉뚱한 이도 있었다. 수학자들의 삶이 드라마틱해 보이는 것은 그들의 열정 때문이었다. 그들은 자신의 연구에 모든 것을 쏟아부은 약간 '미친' 사람들이었던 것이다. 그리고 수학자들의 그 열정적인 삶은 고스란히 수학으로 남았다.

고차 방정식의 해법을 찾아서

: 방정식에 매달린 수학자들의 비극

유럽에서 대수학이 새롭게 꽃피기 시작한 것은 르네상스 시기를 거친 후였다. 알콰리즈미가 놀라운 2차 방정식의 근의 공식을 발견한 이후로 많은 수학자들이 고차 방정식의 해를 푸는 일정한 규칙을 발견하기 위해 애썼다. 그 결과 카르다노(Gerolamo Cardano, 1501~1576)와 타르탈리아(Niccolò Fontana Tartaglia, 1499?~1557)가 3차 방정식을 풀어냈고, 이어 카르다노의 제자 로도비코 페라리(Lodovico Ferrari, 1522~1565)가 4차 방정식을 해결했다.

역사의 기록에 의하면 사실 3차 방정식의 해법을 가장 먼저 생각해낸 수학자는 페로(Scipione del Ferro, 1465~1526)였다.

그는 자신의 제자에게 해법을 전수했는데, 비슷한 시기에 타르탈리아 역시 3차 방정식의 해법을 발견했다. 페로의 제자는 타르탈리아를 검증하기 위해 수학 대결을 신청했고, 이 대결에서 타르탈리아가 승자가 되었다.

당연히 타르탈리아에게 3차 방정식의 해법을 알려달라는 수학자들의 요청이 쇄도했다. 그중에서 가장 집요하게 매달린 사람이 카르다노였다. 사람들의 주문과 추궁이 귀찮았던 타르탈리아는 절대로 발설하지 않겠다는 맹세를 믿고 카르다노에게 그 실마리를 조금 말해주고 말았다. 그러나 카르다노는 이 실마리로 문제를 풀어냈고, 기쁨에 찬 나머지 맹세를 어기고 3차 방정식 근의 공식을 담은 책 『위대한 기술(Ars Magna/The Great Arts)』을 펴냈다. 카르다노는 이 책에서 타르탈리아의 연구 업적을 밝혔지만, 이 일로 타르탈리아와 길고 긴 싸움을 해야 했다. 사실 타르탈리아도 남의 번역을 자기 것처럼 출판했던 일이 있으므로 할 말은 없었다. 학자는 도덕성을 갖추지 않으면 안 된다는 사실을 보여주는 다툼이었다.

방정식에 얽힌 수학자들은 대부분 기이한 삶을 살았다.

카르다노는 어머니가 유산시키려고 약을 먹고 태아를 혹사시키는 바람에 평생 신체적인 고통에서 자유로울 수 없었다.

그는 아픔을 잊고자 자신을 학대했고, 정신도 피폐해져갔다. 그는 성미가 고약하고, 노름에 빠져서 재산을 탕진했으며, 정착하지 못한 채 떠돌아다녔다. 마음고생이 심했던 그의 아내는 서른한 살에 병으로 죽었다. 두 아들은 죄를 지어 감옥에 갇혔는데, 그중 큰 아들은 교수형을 당했다.

4차 방정식의 아이디어는 카르다노가 제공한 것이지만, 끝까지 풀어낸 사람은 페라리였다. 페라리는 카르다노 덕분에 4차 방정식을 풀어내고 쉽게 명성을 얻었지만, 젊은 시절의 어설픈 성공은 오히려 그에게 독이 되었다. 그는 학자로서의 노력을 게을리 했고, 훗날 주정뱅이에 도박꾼으로 살아갔다. 페라리는 재능을 아까운 곳에 낭비하며 살다가 비참하게 죽었다.

5차 방정식은 그 후 300년 동안 수학자들에게 큰 숙제로 남아 있었다. 그러다 19세기가 되었을 때 드디어 아벨과 갈루아가 나타나서 '5차 이상 방정식의 일반 해법은 존재하지 않는다'는 사실을 증명했다.

방정식의 저주는 이들도 피해가지 않았다. 아벨은 소년 가장으로 찢어지게 가난하게 생활하다가 스물여섯에 결핵과 영양실조로 숨을 거두었고, 갈루아는 스무 살의 나이에 사랑

때문에 결투를 벌이다가 꽃다운 목숨을 잃었다.

실제로 방정식의 저주 때문이었을까?

그들이 살던 시대적 배경을 생각한다면 방정식에 얽힌 이야기는 징크스가 아닌 우연이었다고 말할 수밖에 없다. 옛 시절엔 가난과 질병, 기아와 폐허, 전쟁과 혁명 등으로 인해 보통 사람들도 매우 드라마틱한 삶을 살 수밖에 없었다. 불행하고 기이한 삶은, 그 시대의 사람들에겐 보편적인 것이었다.

인생을 가난하게 살았던 수학자, 아벨

: 생계와 수학자로서의 삶 그 사이

아벨(Niels Henrik Abel, 1802~1829)은 노르웨이의 한 작은 마을 목사의 일곱 남매 중 둘째아들로 태어났다. 아버지는 점잖은 사람이었지만, 어머니는 변덕스럽고 앙칼진 여자였다. 전쟁이 끊이지 않던 시절이어서 찢어지게 가난했지만, 아벨의 집안 분위기는 대체로 평화로웠다.

좁은 집에서 많은 아이들이 딱따구리처럼 떠들어댔지만, 아벨은 그 속에서도 공부를 하는 놀라운 집중력을 가진 아이였다. 성격이 모나지 않아서 형제들과도 잘 어울렸고, 조용하다 싶으면 어느새 구석에서 공부에 열중하는 모습을 보였다.

아벨은 16세 때 평생의 은인인 홀름보에*를 만났다. 아벨은 스승을 통해 뉴턴, 오일러, 가우스 등의 책을 접했고, 마음속에 수학자로서의 꿈을 품게 되었다. 그리고 아벨은 이른 나이에 수학에서 두각을 나타내기 시작했다.

18세 때 아버지가 세상을 떠나자, 아벨은 가장으로서 막중한 책임을 수행해야 했다. 아벨은 가정교사를 하면서 생업 전선에 뛰어들었다. 이때부터 세상을 떠날 때까지 가족을 부양하느라 극심한 가난에서 헤어나지 못했지만, 한 순간도 수학 연구를 게을리 하지 않았다.

그는 홀름보에의 도움과 장학금으로 대학에서 공부할 수 있었고, 19세에 「방정식의 대수적 해법」이라는 논문을 쓰게 되었다. 아벨은 평소 존경하던 수학자 가우스에게 이 논문을 보냈다. 그러나 많은 수학자들에게 쓴소리를 했던 가우스는 아벨에게도 잊지 못할 상처를 주었다. 지인으로부터 가우스가 논문을 읽지도 않고 던져버렸다는 이야기를 들은 것이다. 아벨은 그토록 존경했던 가우스에게 실망했다.

홀름보에 Bernt Michael Holmboe, 1795~1850

수학사에 이름을 남길 만한 수학자는 아니지만, 훌륭한 스승이었던 것만은 분명하다. 아벨은 홀름보에의 친절하고 기발한 교육 덕분에 수학이라는 경이로운 세계에 일찍 눈을 뜰 수 있었다. 아벨이 죽고 난 5년 뒤 '아벨 전집'을 만들 때 홀름보에가 직접 편집을 했다고 한다.

아벨상(Abel Prize)을 수여하는 노르웨이 오슬로 대학교 법학부의 도무스 미디어(Domus Media). 과거에는 이곳에서 노벨 평화상을 수상하기도 했다. 아벨상은 불운했던 수학자 아벨을 기리기 위해 제정된 상으로, 필즈 메달(Fields Medal)과 함께 수학계의 노벨상이라고 일컬어진다. 5차 방정식의 일반 해법이 존재하지 않는다는 사실을 증명했을 때, 아벨의 나이는 불과 열아홉 살이었다. 살아생전에는 어느 누구의 주목도 끌지 못했던 그의 학문적 성과는 사후가 되어서야 학계의 비상한 관심을 모으기 시작했다. 노르웨이 왕실은 이 불운한 수학자를 기리며 아벨 탄생 200주년을 맞아 아벨상을 제정하여 매년 1명에게 수여한다. 상금은 92만 달러, 우리 돈으로 약 11억 5,000만 원(2023년 1월 환율)이다.

"내가 다시는 가우스에게 논문을 보내나 봐라. 이제부터는 가우스의 '가' 자도 입에 올리지 않을 것이다."

가우스에 대한 존경심도 사라졌다.

아벨은 파리로 수학 공부를 하러 떠났다. 가족들을 먹여 살려야 한다는 책임과 수학 연구에 대한 열정 사이에서 항상 갈등했으며, 돈이 생기면 바로 가족들에게 보내야 해서 그 자신은 늘 빈털터리였다. 고국에 돌아와 교수가 되려고 백방으로 노력했지만, 실력을 인정받지 못해서 교수가 될 수 없었다.

상심한 가운데 끼니를 거르는 가난한 생활로 결핵에 걸린 아벨은 날이 갈수록 쇠약해져갔다. 그는 기침을 하고 피를 토하기 시작했다. 죽음이 다가오는 것을 깨닫고, 그는 친구 킬하우에게 편지를 보냈다.

'나의 약혼자 크렐리는 붉은 머리에 주근깨투성이고, 아름답지도 않다. 하지만 매우 훌륭한 여성이다.'

그는 혼자 남겨질 약혼자를 걱정하며, 그녀가 괜찮은 친구 킬하우와 결혼하기를 바랐다.

결핵은 아벨의 몸을 잠식했고, 그는 26세의 나이에 세상을 떠났다. 그가 세상을 떠난 후에야 독일의 베를린 대학에서 그를 교수로 초빙하고 싶다는 연락이 왔다.

시대와 화해하지 못한
어느 천재 수학자의 불행

: 갈루아의 슬픈 삶

군이론(群理論)의 창시자로 이름을 남긴 에바리스트 갈루아 (Évariste Galois, 1811~1832)는 계몽사상을 따르고 전제 정치에 반감을 가지고 있던 부모님 아래서 자랐다.

그는 집에서 어머니에게 고전 철학과 문학을 배우다가, 12세 때에 파리 루이르그랑(Louis-le-Grand) 고등중학교에 들어갔다. 그러나 학교는 그에게 감옥 같은 곳이었다. 시대적 상황이 학교에도 크게 영향을 끼쳤고, 그 시절의 학교생활이란 '말죽거리 잔혹사'라고 할 수밖에 없었다. 아벨 역시 학교에서 친구가 교사에게 맞아 죽는 모습을 보고 큰 충격을 받기도 했다. 갈루아의 학교도 사정이 다르지 않았다. 폭동과 혁명이 어린 학생들의 마음에도 전제적 체제에 대한 반항심과 용기를 불어넣었다. 교장의 독재적 가르침을 거부했다가 추방을 당한 학생들도 많았다. 교사들은 갈루아를 인정하지 않았으며, 낙제시키려고 안달했다.

갈루아는 학교에서 그리 잘난 것이 없는 데다 우둔한 아이로 낙인찍혔다. 갈루아는 조금 삐딱한 아이였을 뿐 특별한 구석은 없어 보였다. 그러나 어머니로부터 탄탄한 고전 교육을 받은 갈루아에게는 저력이 있었다.

우연히 르장드르*의 기하학 책을 읽게 된 갈루아는 기하학의 기초를 완전히 파악하게 되었다. 그는 학교에서 배우는 대수학이 시시하고 지루해서 참을 수가 없었다. 대가로부터 대수학을 배우고 싶었던 그는 라그랑주*의 저서들에 탐닉했다.

르장드르 Adrien-Marie Legendre, 1752~1833

프랑스의 수학자다. 적분학, 유클리드 기하학과 관련하여 수많은 업적을 남겼다. 저서인 『적분학 연습』, 『타원 함수론』, 『오일러 적분론』 등은 오랫동안 교과서로 쓰일 정도로 권위를 인정받았다.

라그랑주 Joseph-Louis Lagrange, 1736~1813

프랑스의 수학자이자 천문학자다. 정수론, 타원 함수론 등의 분야에서 많은 업적을 남겼고, 역학을 새로운 경지로 끌어올린 『해석 역학』을 펴냈다. 파리 이공과 대학의 초대 학장을 지냈다.

그는 수학자들이 쓴 논문을 통해서 방정식의 모든 것, 함수, 미적분학 등을 깨우칠 수 있었다. 그러나 학교의 수학 시간에는 눈에 띄는 학생이 아니었고, 성적도 중간 정도였다.

갈루아는 틈틈이 수학적인 아이디어에 대해서 기록했고, 이것을 하나의 논문으로 정리했다. 그는 당시에 명성이 자자했던 수학자 코시(Augustin-Louis Cauchy, 1789~1857)에게 자신의 논문을 보냈지만, 코시는 그 논문과 요약본을 부주의하게 다뤄서 잃어버렸다. 중요한 문서들을 잘 관리하지 못해서 위대한 발견이 하늘로 솟거나 땅으로 꺼지는 일이 빈번하던 때였다.

대학 운도 그리 좋지 않았다. 고등 이공과 학교인 에콜 폴리테크니크(École Polytechnique)에 입학하려고 했지만, 갈루아는 실력을 인정받지 못하고 두 번이나 낙방했다. 계속되는 불운은 청년 갈루아에게 세상이 자신을 반기지 않는다는 절망감을 안겨주었고, 세상에 대한 불타는 증오를 품게 만들었다. 그는 선병질(腺病質) 성향이 강한 젊은이가 되었다. 그는 열정과 꿈을 품고 젊음의 날개를 펼쳐보려고 했지만, 그때마다 사회가 그의 날개를 꺾었다. 그는 기존의 질서가 원하는 모범생이 아니었다.

우여곡절 끝에 대학에 들어가서 다시 작성한 논문을 학사원에 보냈지만, 집에 가져가서 검토하기로 했던 심사관이 그날 갑자기 죽어버리는 일이 일어났다. 논문을 찾으려고 했지만, 이미 어디론가 사라지고 난 후였다.

어쩌면 이렇게 운이 나쁠 수가 있을까. 하지만 그 역시 갈루아만의 불운 때문만은 아니다. 지금이야 이렇게 애써 쓴 논문이 사라지는 일을 상상도 할 수 없지만, 예전에는 이런 일이 비일비재했다.

움베르토 에코의 장편 소설 『푸코의 진자』*에는 이런 흥미로운 대사가 나온다.

"출판사란 데서는 늘 원고를 잃어버려. 어쩌면 원고를 전문적으로 잃어버리는 데가 출판사인지도 몰라. 그러니까 속죄양이라는 게 한 마리쯤 필요한 거 아니겠어? 내 불만은 저 아가씨가 좀 잃어버려주었으면 하는 원고를 절대로 잃어버리지 않는다는 거야. 프랜시스 베이컨이 『지식의 진보』에서 말하는

푸코의 진자 Foucault's Pendulum

이탈리아의 세계적인 석학인 움베르토 에코(Umberto Eco, 1932~2016)가 1988년에 발표한 장편 소설이다. 기호학과 역사학, 철학, 미학 등에 걸친 해박한 지식과 상상력이 융합된 추리 형식의 지적 소설이다. 신성모독을 이유로 바티칸으로부터 '쓰레기'라는 혹평을 받았지만, 뉴욕타임스 북리뷰로부터 '최고의 책'으로 선정되는 등 현대의 고전으로 자리매김했다. 성당기사단을 둘러싼 미스터리와 음모를 밝혀나가는 것이 주된 줄거리다.

이른바 꽁뜨레땅(불의의 사고)이라는 거지 뭐."

현대 소설에도 이런 이야기가 나오는데, 하물며 18~19세기 때에는 어땠겠는가. 불의의 사고라는 게 지나치게 일상적이었다는 것이 갈루아의 비극이었다.

논문이나 원고는 사라지기 딱 좋은 그런 물건인지도 모른다. 지금이야 복사본을 얼마든지 만들 수 있고, 파일로 만들어 컴퓨터에 영구적으로 보관할 수도 있지만 말이다. 하지만 과거의 논문이나 원고들은 어딘가를 떠돌다가 매우 낮은 확률로 누군가의 손에 고이 들어간다. 그 사람이 그 종이 더미의 가치를 안다면 다행이지만, 그렇지 못한 경우가 많아서 불쏘시개로 사라진 중요한 양피지들이 많고도 많다.

그즈음 갈루아의 아버지가 엉뚱한 모함에 휩싸여 자살을 하는 충격적인 사건이 일어났다. 아버지와 깊은 유대감을 가지고 있던 갈루아는 이제 세상이 악의로 가득 차 있다고 느끼며 어느 누고도 믿지 않는 사람으로 변모했다. 아버지의 죽음을 계기로 갈루아는 과격한 공화주의자가 되어 모순으로 가득한 세상에 적극적으로 분노를 표출했다.

1830년의 7월 혁명은 갈루아의 반항심에 불을 지폈다. 그는 사람들을 선동했고, 이로 인해 정치적으로 위험한 인물로

프랑스 대혁명 이후 프랑스는 공화정과 왕정을 오가는 혼란기에 접어들었다. 전 유럽을 지배
했던 나폴레옹이 몰락한 뒤 유럽의 주요 국가들은 오스트리아 빈에서 회의를 열어 유럽의 여
러 가지 현안을 결정했다. 이 가운데에는 프랑스의 정치 체제를 나폴레옹 이전으로 되돌린다
는 내용도 포함되어 있었다. 프랑스 사회는 귀족 중심의 보수주의자와 부르주아 중심의 자유
주의자가 극렬하게 대립했다. 프랑스 국왕 샤를 10세는 1830년 7월 26일 시민의 기본권을
제한하는 칙령을 발표했고, 이에 반발한 시민 계급이 들고 일어났다. 이를 7월 혁명이라고 한
다. 이 혁명의 결과로 샤를 10세가 물러나고 '시민의 왕'이라고 불리는 루이 필리프가 왕위에
올라 입헌군주정이 실현되었다.

낙인 찍혀서 감시당하고 여러 번 감옥에 갇혔다. 하지만 감옥을 들락날락하는 사이에도 그는 수학 연구에 필사적으로 매달렸다.

그러던 어느 날, 갈루아에게 운명적인 여인이 나타났다. 그녀와의 만남은 그에게 첫 연애이자 가장 위험한 연애가 되었다. 치명적인 사랑은 그를 피폐하게 만들었다. 갈루아는 그녀가 천한 여인이라고 비난하고 혐오하면서도 격렬한 감정을 느꼈다. 게다가 이 여인에게는 이미 애인이 있었으므로 갈루아는 결투를 피할 수가 없게 되었다. 그때는 명예를 건 결투를 사회가 용인했고, 어디에서나 크고 작은 일로 결투가 일어나곤 했다.

결투……. 갈루아는 자신이 죽을 수도 있다는 사실을 알고 있었지만, 결투를 피하지 않았다. 오히려 그는 그것을 기다렸는지도 모른다. 여인에 대한 사랑이 절대적인 것도 아니었다. 갈루아는 연애, 명성 그 모든 것에 환멸을 느끼고 있었다.

갈루아는 결투 전날, 11시간에 걸쳐 길고 긴 편지를 친구에게 남겼다. 격정적인 편지였다. 이 편지에는 삶에 대한 회의, 수학적 발견에 대한 기쁨 그리고 미처 정리해두지 못했던 이론들에 대한 설명을 썼다.

시간이 없다, 시간이 없다……. 여백에는 쫓기는 듯 계속해서 '시간이 없다'고 적었다.

결투의 날 이른 아침, 갈루아는 배에 총을 맞고 차가운 이슬 위에 쓰러졌다. 몇 시간 후에 행인에게 발견되었을 때 갈루아는 고통 속에서 조용히 누워 있었다. 그는 병원으로 옮겨졌지만, 죽음의 그림자가 이미 그의 곁에 바짝 다가와 그가 눈을 감기만을 기다렸다.

그는 동생에게 "스무 살에 죽으려면 대단한 용기가 있어야 한다"라는 말을 남겼다. 갈루아는 누구보다 삶을 사랑했고, 수학을 사랑했다. 자신이 왜 쓸데없는 결투로 죽어가야 하는지 그 순간까지 끊임없이 회의했지만, 결국 운명 속으로 걸어 들어갔다.

갈루아를 죽음에 이르게 한 이 결투는 정치적인 음모였다는 이야기도 있다. 그를 죽게 한 것은 결투가 아닌, 한 천재 젊은이의 마음을 옥죄어오던 노여움 때문이었을지도 모른다.

세상이 그리 관대하지 않더라도 젊은이에겐 마음껏 실수할 권리가 있다. 그걸 부끄러워해서는 안 된다. 실패를 통해서 다시 일어설 힘을 얻고, 실패를 통해서 완숙해진다. 갈루아도 그것을 잘 알고 있었다. 갈루아가 시대를 잘 타고 태어났다면,

적어도 결투 따위가 없는 세상에 태어났다면 스무 살의 실패를 딛고 일어나 스물다섯 살이 되고 서른이 되고 마흔이 되고 점점 나이 들어가면서 현명한 노인이 되고, 우리에게 잊을 수 없는 인격을 갖춘 멋진 노수학자로 기억되었을 것이다.

유클리드 기하학의 5가지 공준과 비유클리드 기하학

: 2,000년 기하학의 상식에 반기를 들다

비유클리드 기하학의 창시자는 헝가리 수학자 보여이(János Bolyai, 1802~1860, 흔히 '볼리아이'라고 부르기도 한다)와 러시아의 로바체프스키(Nikolai Lobachevsky, 1792~1856)라는 수학자였다.

비유클리드 기하학은 유클리드 기하학이 정립되고 2,000년 후에 나타난 대단한 발견이 아닐 수 없었다. 근대에 들어서면서 수많은 도전이 있었지만, 유클리드 기하학을 뒤집는 발상은 19세기가 되어서야 무르익을 수 있었다. 비유클리드 기하학은 평면에서 해방된 자유로운 기하학이고 가능성이 무한대인 새로운 기하학이었다.

평행한 두 선이 만나기도 하고, 삼각형이 구부러져 내각의

러시아 수학자 로바체프스키와 비유클리드 기하학을 표현한 그림이다. 비유클리드 기하학은 지구가 평면이 아니라 구체라는 사실에서 비롯되었다. 기존의 유클리드 기하학으로는 구체의 면을 따라 휘어지는 공간을 정확하게 측정할 수 없기 때문이다. 이후 비유클리드 기하학은 천체의 중력에 따라 우주의 시간과 공간이 휘어지는 현상을 설명하는 이론적 토대가 되기도 했다.

합이 180도 이상이 되기도 한다. 하늘을 날거나 항해를 할 때 지구를 가로지를 수 있는 가장 빠른 길도 알 수 있게 되었다. 훗날의 수학자들은 소용돌이치는 모양과 꼬이는 시간과 공간에 대해서 알게 되었고, 이 연구들을 토대로 4차원의 세계를 이야기할 수 있게 되었다.

파피루스 위에 누워 있던 기하학이 살아 움직이게 되면서 사람들은 우주의 비밀에 점점 더 가까이 다가갈 수 있게 되었고, 19세기의 이런 발견은 과학 발전에 불을 지피게 되었다. 이때로부터 1세기 후 사람들은 우주선을 달나라로 띄울 수 있었다.

19세기는 비유클리드 기하학이 탄생할 수밖에 없는 시기이기도 했다. 사케리(Giovanni Girolamo Saccheri, 1667~1733), 람베르트(Johann Heinrich Lambert, 1728~1777), 르장드르 등 많은 이들이 유클리드의 '평행선의 공준'을 새롭게 풀기 위해 많은 노력을 기울였지만, 유클리드 공준의 모순을 확실하게 증명한 사람들은 바로 보여이와 로바체프스키였다.

유클리드의 5가지 공준

1. 임의의 두 점을 연결해서 하나의 직선을 그릴 수 있다.

2. 선분은 양 방향으로 직선을 계속해서 연장하여 그릴 수 있다.

3. 임의의 한 점을 중심으로 하는 선분을 반지름으로 하는 원을 그릴 수 있다.

4. 모든 직각은 서로 같다.

5. 한 직선이 두 직선과 만날 때 같은 쪽에 있는 내각의 합이 두 직각보다 작을 경우, 두 직선을 무한히 연장하면 내각의 합이 두 직각보다 작은 쪽에서 두 직선이 만난다.

이 중 다섯 번째 공준을 일명 유클리드의 '평행선의 공준'이라고 하는데, 서로 다른 두 점을 지나는 두 직선이 아무리 연장해도 만나지 않을 경우는 단 하나, 평행선일 때뿐이라는 의미를 포함하고 있다. 위 네 가지의 공준은 당연한 것으로 받아들이지만, 다섯 번째 공준을 인정하지 않는 것이 비유클리드 기하학의 시발점이 되었다.

기하학의 코페르니쿠스, 로바체프스키

: 우주와 천체를 새롭게 이해하다

오스트리아의 육군 장교였던 헝가리인 보여이는 연구에 자신을 돌보지 못할 정도로 빠져 지냈으며, 드디어 유클리드 기하학에 대한 새로운 시각을 발견할 수 있었다. 보여이는 이렇게 말했다.

"나는 아무것도 없는 것[無]에서 이상하고 새로운 우주를 창조했다."

평소 수학에만 몰두하는 아들을 걱정하던 보여이의 아버지는 이런 사실을, 평소에 잘 알고 지내던 당대 최고의 수학자 가우스에게 편지를 써서 알렸다. 그러나 가우스의 답장은 싸늘했다. 자신의 비밀 노트에 이미 수학에 관한 수많은 아이디어를 적어두었던 가우스는 "그것은 이미 내가 생각했던 것이라 새로울 것이 없소. 하지만 내 한마디에 또 시끄러워질까봐 가만히 있는 것이오"라고 답했다. 보여이는 석학의 이런 반응에 크게 상심했다.

보여이보다 2~3년 전에 비유클리드 기하학에 대해 발표한 사람은 러시아의 로바체프스키다. 하지만 러시아어로 쓰인 논문이라 외국에서 반향을 불러일으키지는 못했다. 그건 자국 내에서도 마찬가지였다. 오히려 가우스와 보여이의 연구가 널리 알려졌고, 로바체프스키는 죽을 때까지 이 논문을 인정받지 못한 채 떠나갔다. 하지만 훗날에 그는 비유클리드 기하학의 창시자로 칭송받고 '기하학의 코페르니쿠스'라는 명예로운 별명을 얻게 되었다.

로바체프스키는 하급 관리의 세 아들 중 둘째로 태어났다. 아버지가 일찍 세상을 뜨는 바람에 어머니가 생업에 뛰어들어야 했고, 로바체프스키는 어릴 때부터 가난이 무엇인지 뼈저리게 배우며 자랐다. 그의 어머니는 교육열이 대단한 사람이었다. 입에 풀칠하기도 어려운 상황에서도 아이들이 좋은 학교에 들어갈 수 있도록 보다 환경이 좋은 카잔(Kazan)으로 이사를 했다. 맹모삼천지교(孟母三遷之敎)가 따로 없었다. 아들들은 총명해서 장학금을 받고 학교에 다닐 수 있었고, 로바체프스키도 카잔 대학교에 들어가 장학금을 받으며 공부했으며, 닥치는 대로 자기 역할을 해내서 마침내 교수가 되었다.

가진 것이 없는 그에게 공부란 사치에 불과했지만, 그는 공부를 통해서 생계를 유지하기 위해 부단히 노력했다. 그는 대학을 사랑했고, 남들이 하기 싫어하는 일을 맡겨도 군소리 없이 열심히 처리했다. 아무리 뒤죽박죽인 일을 맡겨도 그는 놀라운 능력으로 일을 해냈다. 그는 시간을 쪼개고 쪼개서 업무와 연구를 병행했다.

로바체프스키는 서로 만나지 않는 선, 즉 평행선이 단 하나뿐이라는 유클리드 공준을 뒤집고 두 개 이상의 평행선이 가능하다고 말했다.

비유클리드 기하학의 가장 기본적인 예시로 '대권 항로(大

대권 항로 great circle route

구 형태의 지표면에 있는 A 지점과 B 지점을 연결하는 가장 짧은 거리. 이동 시간과 연료 등을 크게 줄여주기 때문에 특히 항공 교통에서 활용한다.

트랙트릭스 tractrix

추적선 또는 추적곡선이라고도 한다. 한 점 Q가 X선 상을 일정한 속도로 움직일 때, 다른 한 점 P가 항상 Q를 목표로 하여 일정한 빠르기로 움직인다고 할 때, 점 P가 그리는 곡선을 가리킨다.

圈航路)*'를 들 수 있다.

　유클리드 기하학으로는 A지점에서 B지점으로 가는 최단거리는 직선으로 그려야 하지만, 비유클리드 기하학에서는 곡선으로 그려진다. 이것을 구면 기하학(球面幾何學)이라고 하는데, 로바체프스키는 트랙트릭스*, 측지선(測地線)*, 의구면(擬球面)* 등의 개념을 기하학에 적용했다. 구면에 그려진 삼각형의 내각은 180도 이상일 수 있다.

　비유클리드 기하학은 거대한 우주를 기하학적으로 연구할 수 있는 데 지대한 영향을 끼쳤다. 우주를 관념적으로 정의했던 플라톤의 시대는 이제 역사책 속으로 사라졌다. 사람들은 우주가 휘어 있다는 사실을 깨닫게 되었고, 이러한 생각들이 쌓이고 쌓여서 드디어 21세기를 탄생시켰다.

측지선 geodesic line

공간의 두 점을 잇는 곡선 중에서 거리가 짧은 것을 가리킨다. 유클리드 공간(평면)에서는 직선이 측지선이 되고, 구면(球面) 위에서는 대원(大圓)의 호가 측지선이다.

의구면 pseudosphere

트랙트릭스를 좌표 평면 상의 X축을 중심으로 회전시킬 때 나타나는 회전면

공간에 대한 새로운 개념의 탄생

: 뫼비우스의 띠와 클라인 병

비유클리드 기하학과 같은 위대한 발견들은 가설을 세우는 일에서 시작된다. 기존의 학설들을 증명해보고, 다른 가능성들을 찾아보는 것이다. 비유클리드 기하학은 고대의 정신이 담긴 유클리드 기하학에 새로운 가능성을 열어주었다. 우주의 율동을 수학적으로 증명할 수 있게 해준 것이다.

비유클리드 기하학은 위상 수학(位相數學)의 발전에도 영향을 끼쳤다. 뫼비우스의 띠는 평면 기하학에서는 초현실적인 현상일 뿐이지만, 위상 기하학(位相幾何學)에서는 공간의 꼬임 현상으로 이해할 수 있다. 원래는 2차원의 직사각형 모양의 띠이지만, 이것을 꼬아서 붙이면 3차원의 뫼비우스 띠가 된다. 이 때에 연필로 선을 그으면 신비롭게도 모든 면에 선을 그릴 수가 있다.

  아래의 사진은 독일의 수학자 펠릭스 클라인(Felix Klein, 1847~1925)이 고안해내서 클라인 병(Klein Bottle)이라고 불리는데, 4차원 공간에서의 입체라고 할 수 있다. 4차원에서는 어떤 것이든 자유자재로 구부러질 수 있고, 모양을 바꿀 수 있다.

자기 닮음의 기하학

: 신비로운 프랙털의 세계

프랙털 기하학은 신이 세상을 창조한 이래 늘 우리 곁에 있었다. 신이 놀라운 기하학자라고 말하는 이유는 우리가 살고 있는 자연이 하나의 거대한 기하학 덩어리이기 때문이다. 특히 프랙털은 신이 기하학자이기 이전에 예술가라는 사실을 잘 보여준다.

뾰족뾰족한 산, 뭉게구름, 들쭉날쭉한 리아스식 해안선, 신기한 입자로 이루어진 눈송이, 하얗게 거품을 내며 부서지는 파도, 우거진 숲을 이루는 갖가지 모양의 나뭇가지와 나뭇잎들, 고사리의 잎에서 볼 수 있듯이 이런 모양들은 일부분을 보아도 전체를 보아도 그 모양이 닮아 있는 것을 확인할 수 있다.

이 모든 복잡한 도형들은 우주가 탄생한 후로 쭉 존재했지만, 그 이름을 갖게 된 것은 1975년의 일이다. 헝가리의 수학자 만델브로트*가 자기 닮음의 성질을 지닌 기하학을 프랙털(fractal)이라고 부르기 시작했다. 프랙털은 '쪼개다'라는 뜻을 지닌 그리스어 프랙투스에서 따왔다. 불규칙하고 조각나 있지만 자세히 보면 일정하게 반복되는 자기 닮음의 성질을 가진 기하학이기 때문이다.

그것은 보이는 것에만 국한되지 않는다. 라디오 주파수 내에서의 균일한 잡음 역시 프랙털이라고 할 수 있다. 향수가 공기 중에 퍼질 때, 그 입자가 불규칙한 운동을 하며 공기를 흐트러뜨리는 것도 프랙털이다.

한마디로 우리가 살고 있는 이 세계 그리고 우주는 거대한 프랙털의 세계라고 해도 과언이 아닌 것이다. 프랙털을 빼

베노이트 만델브로트 Benoit Mandelbrot, 1924~2010

폴란드 출신의 수학자다. 『자연의 프랙털 기하학(The Fractal Geometry of Nature)』 (1982)이라는 저서를 통해 프랙털 이론을 소개했다. 프랙털 이론은 어떤 집합은 수학적으로 반복되는 형태로 나타나고, 이 집합의 작은 한 부분이 전체 집합을 복사한 것처럼 보인다는 개념을 정리하고 있다. 이러한 속성을 '자기유사성'이라고도 부른다. 프랙털 이론은 자연과 경제학, 천문학, 금융, 컴퓨터 과학 등 여러 분야에 활용되고 있다.

채송화와 코스모스, 모란, 금잔화 같은 식물의 꽃잎 수를 세어보면 5장, 8장, 13장, 21장 등으로 대부분이 피보나치수열에 있는 수 가운데 하나로 되어 있는 것을 알 수 있다. 그리고 해바라기의 씨앗에서도 피보나치수열이 발견된다. 해바라기 씨앗은 시계 방향과 반시계 방향의 나선을 이루는데, 대개 시계 방향으로 21개이고 반시계 방향으로 34개이거나 34개와 55개와 같이 이웃한 두 개의 피보나치수를 이루고 있다. 앵무조개의 황금나선을 비롯하여 바다 생물의 껍데기에서도 피보나치수열을 찾을 수 있다. 그리고 이러한 수학적 질서로 인해 자연은 부분이 전체의 성질을 보여주는 프랙털 기하학을 이룬다.

놓고선 우리는 움직이는 기하학의 세계를 이해할 수 없게 되었다. 컴퓨터가 보편화되면서 프랙털은 보다 친근해졌다. 컴퓨터 그래픽은 프랙털 기하학을 보다 쉽게 실현하는 도구가 되었다.

여성 수학자의 길을 연
소피야 코발레프스카야

: 수학이라는 험난한 여정에 도전하여 승리하다

아주 먼 옛날, 수학을 한다는 이유로 목숨을 잃어야 했던 히파티아의 이야기는 이미 앞에서 다루었다. 수학자라는 직업이 여자에게 너무도 위험했던 시절의 일이었다.

그러나 세상은 달라졌고, 현대 수학의 자유로운 정신은 오히려 여성을 원하기 시작했다. 수학은 섬세하고 창조적이어서 여성에게도 잘 맞는 학문이라고 생각하는 사람이 하나둘씩 늘어났던 것이다. 물론 아직은 구태의연한 생각에 사로잡힌 사람들이 더 많았기 때문에 이때의 여성 수학자들 역시 용감하게 세상에 맞서야 했지만 말이다.

여성들은 피나는 노력을 하지 않으면 안 되었다. 남자들이 당연히 얻는 것들을 얻기 위해선 그들보다 몇 배의 땀을 흘려야 했다. 하지만 그렇게 노력하는 모습을 보면서도 사람들은 칭찬은커녕 지독하다는 둥, 마녀라는 둥 뒷말을 했다.

옛날 사람들은 똑똑한 사람을 보면 두려워했던 모양이다. 기원전의 많은 수학자들이 예언자나 마법사로 여겨졌던 일을 보면 말이다. 그런데 똑똑한 여자는 사람들을 더 겁먹게 했다. 여자들은 배움의 기회가 없었기 때문에 많이 아는 여자는 분명 마술을 부리는 여자일 거라고 생각했던 것이다. 그런 생각은 19세기에도 쉽게 없어지지 않았다.

독일에 바이어슈트라스*라는 수학자가 있었다. 그는 한 명의 총명한 학생을 제자로 맞아들이게 되었는데, 사람들은 저마다 한마디씩 바이어슈트라스에게 경고했다.

"그 여자, 매우 위험한 여자라네."

그때 바이어슈트라스는 큰 소리로 웃으면서 생각했다.

'수학을 잘하는 게 그렇게 위험한가? 내 제자는 위험한 여

칼 바이어슈트라스 Karl Weierstrass, 1815~1897

현대 함수 이론의 창시자이자 해석학의 아버지라는 평가를 받는 독일 출신의 수학자다. 수학 분야에서 많은 업적을 남겼지만, 소피야 코발레프스카야를 비롯한 훌륭한 제자들을 배출한 사실로도 좋은 평가를 받았다.

자가 아니라 대단히 뛰어난 수학자일 뿐인데…….'

위험한 여자, 그녀의 이름은 소피야 코발레프스카야(Sofya Kovalevskaya, 1850~1891)였다.

소피야 코발레프스카야는 19세기 중엽에 러시아 모스크바에서 태어났다. 아버지는 러시아 군인이었는데 매우 엄하고 난폭한 사람이었다. 엄하고 무서운 아버지에게서 교육을 받았지만, 코발레프스카야는 무척 명랑했다. 호기심이 많고 엉뚱한 상상을 하는 것을 좋아했다.

군인 아버지를 둔 탓에 소피야는 아버지를 따라 러시아 전역을 돌아다니며 자라났다. 그녀의 풍부한 감성은 러시아의 차갑고 웅장한 자연이 길러낸 것이었다. 러시아의 길고 긴 밤이 찾아오면 소피야는 눈밭 위를 달리는 늑대의 발자국 소리를 듣곤 했다. 그런 밤에 이 작은 소녀는 공상의 세계에서 수많은 이야기들을 만들어냈다.

자연 속의 아이들은 누구나 시인이 아닐까? 소피야 코발레프스카야는 글쓰기를 유난히 좋아해서 혼자서 시도 쓰고 소설도 썼다. 그러다 우연히 소설이 잡지에 실렸고, 소피야는 소설가로도 불리게 되었다. 이 일로 아버지는 할 수 없이 소피야가 공부를 할 수 있게 허락해주었다.

원래는 언니 안네(Anne Jaclard, 1843~1887)가 먼저 소설을 썼고, 언니는 당대의 유명한 작가였던 도스토예프스키(Fyodor Dostoyevsky, 1821~1881)와 알고 지내게 되었다. 어린 소피야는 자신보다 나이가 훨씬 많았던 도스토예프스키에게 연정을 품고 있었다. 도스토예프스키는 유부남이었고 빚에 쪼들리면서도 끝없이 빚을 지는 너저분한 몰골의 매력 없는 남자였지만, 그의 필력만큼은 우주의 운석만큼이나 신비로운 것이어서 문학소녀의 마음을 사로잡기에 충분했다. 한때의 연정은 쉬 지나갔지만, 소피야는 수학자가 된 후에도 글쓰기를 멈추지 않았고, 사교계에서 내로라하는 작가, 예술가들과 교류하면서 문화적인 욕구를 충족시켰다.

어릴 때부터 수학적 재능이 남달랐던 소피야는 수학 공부를 열심히 했고, 대학에서 수학을 정식으로 공부하고 싶어 했다. 하지만 소피야는 대학에 갈 수 없었다. 러시아 대학에서는 아무리 똑똑해도 여학생을 받아주지 않았기 때문이다.

러시아는 다소 혼란스러웠다. 여성들에겐 기회가 전혀 없었을 뿐만 아니라, 나라에서 나서서 여성들을 괴롭히기도 했다. 조금만 잘못을 해도 공개적으로 비난하는 일이 많았기 때문에 소피야는 러시아를 떠나야겠다고 생각했다.

그러나 결혼하지 않은 여자는 러시아 밖으로 나갈 수 없다는 이상한 법이 있었다. 외국의 대학에 가기 위해서는 반드시 결혼을 해야 했기 때문에 소피야는 진보적인 여성들 사이에서 유행했던 계약 결혼을 하기로 마음먹었다. 그녀는 모스크바 대학교 생물학과 학생인 코발레프스키를 만났다.

두 사람은 결혼을 했지만 진짜 부부가 아니었다. 결혼 증서를 얻자마자 소피야는 코발레프스키 부인(코발레프스카야)이란 이름으로 독일 유학길에 올랐다.

소피야는 독일 대학교에서 훌륭한 스승 바이어슈트라스를 만나게 되었다. 바이어슈트라스는 독일에서 유명한 수학자 중의 한 명이었기 때문에 그녀는 무작정 그를 찾아갔다.

"선생님, 저는 수학을 정말 좋아합니다. 선생님을 뛰어넘는 수학자가 되고 싶어요. 제발 저를 가르쳐주십시오."

소피야는 스승에게 개인 교습을 부탁했고, 바이어슈트라스는 깜짝 놀랐다.

'맹랑한 여자애로구먼. 귀찮은 사람 떼어버리는 좋은 방법이 있지.'

바이어슈트라스는 대학 4학년생도 풀기 어려운 문제를 냈다.

"이걸 풀면 제자로 받아주지. 하지만 못 풀면 다시 나를 찾아올 생각은 하지 마라."

소피야는 문제를 받고서 씩 웃었다. 그리고 얼마 지나지 않아 정답을 이끌어냈다. 바이어슈트라스는 이 당돌한 여학생을 다시 보게 되었다. 소피야는 매우 신선한 아이디어로 아무도 생각지 못한 방법으로 문제를 풀어냈던 것이다.

바이어슈트라스는 소피야를 제자로 받아들이게 되었다. 그는 자신이 알고 있는 수학의 모든 것을 소피야에게 가르쳐주려고 애썼고, 소피야는 배운 것을 뛰어넘어 더 많은 것을 깨우쳐나갔다. 그녀는 스승의 수학을 발판 삼아 미적분학과 함수에서 많은 연구를 남겼다. 편미분 방정식의 기본이 될 '코시-코발레프스카야 정리'로 수학의 역사에 자신의 이름을 새겼다.

소피야의 길은 순탄하지 않았다. 그녀가 뛰어난 성적을 거두면 남자의 것을 빼앗아갔다고 분개하는 남학생들도 있었다. 소피야는 여자라는 이유로 연구 논문을 거절당하기도 하고, 말도 안 되는 험담을 들어가면서 공부를 계속해나갔다. 오직 수학을 위해서 가시밭길을 걸었던 소피야는 드디어 박사 학위를 받게 되었다.

남들이 가지 않는 험난한 길을 선택할 때는 큰 용기가 필요

코발레프스카야는 여성으로서는 최초로 박사 학위를 받았다. 여성에게 관대하지 않았던 당대의 사회 풍토에서 거의 불가능한 일을 해낸 것이다. 그녀는 '아는 것을 말하라. 반드시 해야 하는 것을 행하라. 가능성 있는 것을 성취하라'는 명언을 남겼는데, 이 말은 프랑스 아카데미가 주관하는 보르댕상(Prix Bordin)에 응모한 논문의 봉투에 적은 문장이었다. 코발레프스카야는 보르댕상을 수상했고, 프랑스 아카데미는 그녀의 논문을 높이 사서 기존의 상금인 3,000프랑보다 많은 5,000프랑의 상금을 수여했다.

하다. 소피야는 진정한 용기를 가진 여성이었다. 소피야 말고도 많은 여성 수학자들이 여자에게 허락되지 않은 길을 가려고 애썼고, 그들이 길을 닦아놓은 덕에 20세기부터는 수많은 여성 수학자들이 나오기 시작했다.

이제는 여자라고 해서 수학 공부를 할 수 없다는 건 말도 안 되는 소리가 되었다. 히파티아의 희생은 결코 헛되지 않았던 것이다.

비운의 천재 수학자, 라마누잔

: 신비에 싸인 인도 수학자

1920년의 어느 날, 저 멀리 인도라는 나라에서 큰 별이 떨어졌다. 33살에 세상을 떠난 청년 수학자 라마누잔(Srinivasa Ramanujan, 1887~1920)의 이야기다.

20세기 최고의 수학자를 꼽으라면 아마도 모두 아인슈타인이라고 말할 것이다. 아인슈타인은 라마누잔보다 8년 일찍 태어나서 35년이나 더 살았다. 아인슈타인은 할아버지가 될 때까지 많은 일을 했지만, 라마누잔은 그렇지 못했다. 아마도 라마누잔이 좀 더 오래 살았더라면 훨씬 많은 일을 할 수 있었을 것이다. 아인슈타인처럼 우리 곁의 친근한 할아버지로 살면서……

라마누잔은 신비로운 이야기들을 많이 남겼다. 때문에 20세기의 사람임에도 불구하고 그는 하나의 신화적인 존재처럼 기억되곤 한다. 라마누잔은 부모님이 아이를 갖게 해달라고 신께 정성을 바친 후에 태어났다. 커서는 수학을 연구하다 잠이 들 때면 종종 꿈속에서 힌두교의 여신을 만나곤 했다. 여신은 라마누잔에게 수학에 대한 열의를 일깨워주고 종종 영감을 불러일으키기도 했다고 한다.

라마누잔은 가난한 집의 아이였는데, 기억력이 좋긴 했지만 그리 눈에 띄는 아이는 아니었다. 열다섯 살이 되던 어느 날, 그는 친구가 빌려준 책을 읽게 되었다. 낡고 별로 신통치 않은 수학책이었는데, 라마누잔은 이 책에서 수학의 많은 것을 배우게 되었다.

이때부터 라마누잔은 도서관에 다니며 수학을 혼자서 공부했다. 하지만 라마누잔은 공부를 잘하는 편이 아니어서 대학에 진학했을 때 시험에 낙제하여 학교를 중퇴할 수밖에 없었다. 좋아하는 수학 공부만 하고 학점에는 전혀 신경을 쓰지 않았기 때문이다.

대학을 다닐 수가 없으니 수학자가 되거나 대학 교수가 되는 것은 꿈도 꿀 수 없었다. 라마누잔은 취직을 해야겠다고 생각했다. 계산만큼은 자신이 있었으므로 라마누잔은 회계 업무를 맡게 되었다. 직장 생활을 하면서도 그는 꾸준히 수학 연구를 계속해서 고향의 조그만 잡지에 수학 논문을 발표하기도 했다. 라마누잔은 고향에서 특이한 수학자로 유명해지게 되었다.

"분명히 말도 안 되는 소리만 씌어 있을 거야. 공부 못해서 대학도 졸업 못한 녀석이 어떻게 학문을 하겠어?"

친구들은 라마누잔의 실력을 인정하지 않았다.

그러던 어느 날, 라마누잔은 영국의 유명한 수학 교수 하디*에게 편지 한 통을 썼다. 공부를 제대로 하지 않은 라마누잔은 영어를 하지 못해서 친구의 도움을 얻어야 했다.

존경하는 하디 교수님, 안녕하십니까?

저는 인도의 시골 마을에 사는 라마누잔이라고 합니다. 저는 조그만 회사에서 일하는 연봉 20파운드짜리 회계과 직원입

고트프리 H. 하디 Godfrey Harold Hardy, 1877~1947

영국의 수학자다. 케임브리지 대학교에서 순수학 교수를 지냈다. 해석적 정수론에서 업적을 남겼다. 1908년 독일인 의사 바인베르크(Wilhelm Weinberg, 1862~1937)와 함께 '이상적인 집단에서 유전자의 빈도는 대를 거듭해도 변하지 않는다'는 하디-바인베르크 법칙을 제시했다.

니다. 나이는 올해로 23살이지요. 저는 대학에 다니지 못했지만, 수학 연구하는 것을 아주 좋아한답니다. 교수님께 제가 연구한 것을 보여드리고 싶어서 실례를 무릅쓰고 편지를 띄웁니다.

그러고는 그간 부지런히 연구한 120개의 정리를 편지와 함께 보냈다.

"영국에서 최고로 유명한 교수가 이런 편지를 읽어주기나 할까?"

친구가 걱정했다.

"내가 혼자 공부한 것들이 맞는 건지 궁금할 따름이야. 교수님이 보지도 않고 쓰레기통에 버린다면 어쩔 수 없지, 뭐."

라마누잔은 큰 기대를 하지는 않았다.

오랜 시간이 지났다. 언제나 똑같은 시간이 흐르고 있던 어느 날, 그에게 기쁜 소식이 날아들었다.

친애하는 라마누잔 군, 자네의 신선한 편지는 잘 받아보았네. 한 자도 빼놓지 않고 꼼꼼히 읽었지. 처음엔 자네의 연구들을 어떻게 생각해야 할까 많은 고민이 되었네. 그런데 읽다 보니 이런 생각이 들더군. 이 청년은 자기 힘으로 이 문제들을 다 풀어낸 게 분명하다! 그 편지엔 정직한 청년의 힘이 담겨 있더군. 자네 같은 친구가 대학을 다니지 않는다니 이상해. 나는 자네가 영국으로 오길 바란다네.

라마누잔은 뛸 듯이 기뻤다. 보잘것없는 시골 수학자의 편지를 읽고 답해준 하디 교수에게 감사할 따름이었다.

하지만 부모님의 반대가 너무 심해서 라마누잔은 어찌할 바를 몰랐다.

"힌두교인은 인도에서 살아야 한다. 네가 서양에 가서 교리에 어긋나게 살게 할 순 없어."

그때 신비로운 일이 일어났다. 어머니가 꿈을 꾸었는데, 여신이 엄한 얼굴로 어머니를 꾸짖었다는 것이다.

"아들의 앞길을 막지 말라!"

드디어 라마누잔은 시골을 벗어나 세계 무대에 등장할 수 있었다. 그는 케임브리지 대학교에서 하디 교수의 가르침을 받으며 수학자의 길을 준비하게 되었다. 라마누잔은 영국에서 지낸 10년 동안 오일러와 가우스의 대를 잇는 수학자로 수에 대한 연구를 했고, 젊은 나이에 뛰어난 대수학자로 인정을 받았다.

그런데 이 앞길이 창창한 수학자에게 죽음의 그림자가 다가오고 있었다. 인도 출신인 라마누잔이 견디기엔 영국의 겨울은 너무도 매서웠던 것이다. 게다가 힌두교인의 생활을 지켜나가느라 영양 상태도 좋지 못했다. 라마누잔은 덜컥 결핵에 걸리고 말았다. 그가 살던 때는 결핵이 고치기 어려운 중병에 속했다.

몸이 아픈 와중에도 라마누잔은 수학 연구를 계속했고, 그 바람에 병은 더 깊어지고 말았다.

'이제 떠나야 할 때가 된 것 같다. 고향으로 돌아가야겠다.'

라마누잔은 영국 생활을 접고 인도로 향했고, 고향에서 1년 동안 투병 생활을 하다가 눈을 감고 말았다. 라마누잔은 현대 정수학의 이론들을 증명해낸 수학자로 이름을 남겼으며, 여전히 우리 곁에서 수학과 함께 숨 쉬고 있다.

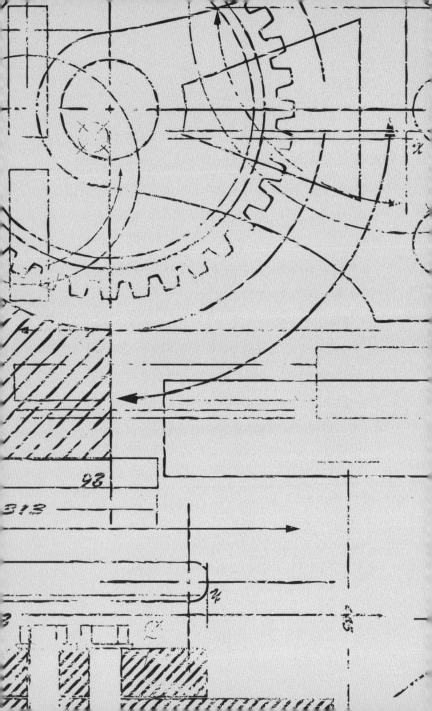

CHAPTER **9**

수학은
한 지점을 향한 끈질긴
인내의 결과물이다

수학자들은 책상에 앉아서 생각만 하는 사람이 아니다. 그들은 자신의 생각을 다른 수학자들과 편지로 공유하고 논문에 싣고 모임에서 논의하면서 이론을 정리하고 발표했다. 때때로 기이해 보이는 그들의 행적은 수의 세계에 몰두하느라 일상이라는 삶의 한 부분을 포기한 데서 오는 것이었다. 수학자들은 저 멀리에서 기다리고 있는 비밀을 향해 나아가는 순례자이자 모험가였다. 오늘을 살아가는 우리는 그들의 인내와 열정에 빚을 지고 있다. 나날이 새로워지는 세상은 수학자들이 문을 열었기에 가능한 것이었다.

우주의 비밀을 담은 공식, $E=mc^2$

: 치명적으로 아름다운 방정식

수학을 잘하려면 천재로 태어나야 할까? 물론 타고난 천재도 있었겠지만, 그렇지 않은 수학자들이 더 많았다.

사실 모든 아이들은 뛰어난 상상력을 가진 천재라고 할 수 있다. 그런 천재성은 자라면서 서서히 없어지는 경우가 많다. 천재란 어린 시절의 상상력을 잃지 않고 그것을 발전시켜 살아가는 사람들을 두고 말하는 것인지도 모른다.

똑딱똑딱……. 시계 소리가 들리는가? 수만 년 전 원시인의 동굴에서 시작된 시간은 오랜 세월 많은 이야기들을 만들면서 여기까지 왔다. 이제는 20세기도 저 건너 한 세기 전의 일이 되었다.

20세기의 수학과 물리학에 큰 바람을 몰고 왔던 아인슈타인의 이름을 모르는 사람은 그리 많지 않을 것이다. 아인슈타인(Albert Einstein, 1879~1955)은 그 옛날의 아르키메데스와 뉴턴의 뒤를 잇는 위대한 과학자로 이름을 날렸다.

아인슈타인은 1879년 독일의 울름(Ulm)에서 태어났는데, 어릴 때는 지극히 평범한 아이였다. 아인슈타인은 공부를 잘 못했다. 성적이 형편없어서 아무도 그가 학자가 될 수 있을 거라고 생각하지 않았다.

그는 학교를 졸업하고 스위스 특허국(아인슈타인은 독일 군국주의에 반대해 스위스 시민권을 취득했다)의 공무원으로 일하기도 했지만, 자신이 좋아하는 물리학 공부를 계속해나갔다. 좋아하는 일을 끈질기게 하다 보니 나중에 대학 교수까지 될 수 있었다. 어떤 직업에 종사하든 공부하는 걸 게을리 하지 않아야 하는 이유는 언젠가 자신만의 이론 체계를 갖추고, 놀라운 발견을 하게 될지도 모르기 때문이다.

특허청 기술 관리직으로 일하면서 특수 상대성 이론을 발견한 아인슈타인은 그 후로도 몇 년간 직장 생활을 계속하면서 연구에 몰두했다. 업무 시간에 성실하게 일하고 퇴근과 동시에 수학자·물리학자로 변신했다. 그가 공무원 생활을 청산한 것은 취리히 대학교에서 비정규 교수로 일하게 되었을 때였다.

아인슈타인은 정말 영리한 젊은이였다. 영국의 소설가 버지니아 울프(Virginia Woolf, 1882~1941)가 "여성이 픽션을 쓰기 위해서는 돈과 자기만의 방이 필요하다"라고 말했는데, 평범한 사람이 수학과 물리학을 연구하기 위해서는 돈과 연구실이 필요한 것이다. 평생을 불운하게 보냈던 수학자 아벨은 그것을 살아생전에 해결하지 못했지만, 아인슈타인은 직장 생활을 하면서 연구자로서의 살길을 찾았다.

그리고 아인슈타인은 $E = mc^2$이라는 유명한 물리학 공식을 만들어냈다. 이 공식은 질량과 에너지가 상호 교환이 가능함을 설명한다.

17~18세기의 뉴턴은 만유인력의 법칙을 통해 중력을 이야기했지만, 20세기에 와서는 아인슈타인이 시간과 공간의 휘어짐을 기하학적으로 풀어냈다. 어떠한 물질이 시공간의 휘어짐을 만들고, 그로 인해 우주의 다른 물체들까지도 영향을 받게 된다는 개념이다.

이 공식은 우주의 신비를 담았다고 해서 가장 아름다운 공식이라고 불리지만, 반면에 가장 폭력적인 공식이라고도 일컬

9.0 SEC
N   ⊢——⊣ /OO METERS

맨해튼 프로젝트(Manhattan Project)에 의해 개발된 원자 폭탄이 최초로 폭발한 모습을 담은 사진이다. 버섯 모양의 구름이 2만 2,200미터 높이까지 치솟았다. 맨해튼 프로젝트는 핵분열 과정을 군사 목적에 활용하기 위한 계획으로, 유럽에서 미국으로 건너온 과학자들이 대거 참여했다. 1945년 7월 16일에 실험에 성공했고, 그 다음 달 일본의 히로시마와 나가사키에 두 발의 원자 폭탄을 떨어뜨렸다.

어진다. 왜냐하면 이 공식을 토대로 원자 폭탄과 수소 폭탄이 만들어지고, 2차 세계 대전에서 무서운 전쟁 무기로 사용되었기 때문이다.

그러나 아인슈타인은 전쟁을 싫어했다. 그는 평화를 사랑했고, 자신의 공식이 전쟁에서 끔찍하게 사용된 것을 보고 무척 가슴 아파했다. 아인슈타인은 2차 세계 대전이 끝난 뒤 평화를 정착시키기 위한 운동에 열정적으로 참여했다.

아주 옛날에 아르키메데스도 비슷한 경험을 했다. 사람들이 편리하게 생활할 수 있도록 만든 기계들이 졸지에 전쟁 기계로 사용되는 것을 보고 아르키메데스도 마음이 아팠을 것이다. 과학이 전쟁에 악용된다는 것은 참으로 안타까운 일이다.

아인슈타인은 물체의 에너지가 그 질량과 빛의 속도와 어떤 관계가 있는가를 공식에 담았을 뿐이었다. 그것은 우주의 꿈틀거림에 대한 순수하고도 아름다운 공식이었을 따름이다. 그리고 아인슈타인에 이르러 이제 수학의 범위는 4차원의 시간과 공간으로 확대되었다.

컴퓨터의 아버지, 앨런 튜링

: 전쟁의 시대, 불행했던 수학자들

아인슈타인 이후에도 수많은 수학자가 대단한 발견을 했다. 모래를 셀 수 있었던 아르키메데스보다 더 큰 수를 셀 수 있게 되었고, 사람의 힘으로는 도저히 계산할 수 없는 수들을 계산해내는 기계를 만들기도 했다. 드디어 컴퓨터가 만들어진 것이다.

초기의 컴퓨터를 만든 사람은 앨런 튜링(Alan Turing, 1912~1954)이라는 영국 수학자인데, 그는 2차 세계 대전 때 암호를 해독하는 일을 맡았다. 암호를 푼다는 것은 복잡한 숫자나 기호들 속에서 논리를 찾아내서 해석해내는 것이기 때문에 아주 어려운 수학 문제를 푸는 것과 같다.

튜링은 독일의 무시무시한 암호 기계인 '에니그마(Enigma)'를 이길 수 있는 기계를 만들어냈다. 튜링은 자기가 만드는 기계의 이름을 총체적으로 '튜링 기계(Turing machine)'라고 불렀는데, 이것이 오늘날의 컴퓨터 발전에 큰 도움을 주었다. 에니그마에 대적한 튜링 기계는 봄브(The Bombe)라고 불렀는데, 영화 〈이미테이션 게임〉에서 우리는 이 기계의 활약상을 수학자 앨런 튜링의 일대기와 함께 감상할 수 있다. 이때부터 수학에 '정보'라는 말이 자주 등장하게 된다. 정보를 처리하는 것이 현대 수학에서 중요한 일이 된 것이다.

20세기의 전쟁은 이전과는 다른 형태로 전개되었다. 전투기가 하늘을 날아다니고, 최첨단 기계들이 활용되었다. 전투는 더욱 극렬해졌고, 적군의 암호를 푸는 일은 중요한 일이 되었다. 과학자들이 가장 안타까워하는 일은 과학이 전쟁의 도구로 쓰인다는 점이다. 수학자들도 마찬가지였다.

전쟁에 참가한 나라들은 암호 해독을 위해 수학자들을 많이 필요로 했고, 대학에서 연구만 해오던 수학자들은 비밀정보국으로 소집되었다. 수학자들이 암호를 풀고 있다는 그 사실도 국가적인 기밀이었기 때문에 수학자들에게는 이 비밀을 무덤까지 가져가야 하는 임무가 주어졌다.

에니그마는 독일어로 '수수께끼'라는 뜻이다. 1918년 독일의 전기 공학자 아르투르 슈르비우스(Arthur Scherbius, 1878~1929)에 의해 처음 고안되었으며, 제2차 세계 대전 때 독일군이 암호를 생성하는 데 활용했다. 알파벳 26개로 구성된 키보드가 있고, 자판으로 암호화할 문장을 입력하면 암호화된 문장에 램프가 표시되는 방식으로 작동했다. 영국의 수학자 앨런 튜링은 에니그마를 반대로 움직이게 해 암호화된 문장의 원래 뜻을 해독하는 기계를 만들었는데, 이 기계는 진공관을 이용한 세계 최초의 연산 컴퓨터로 인정받고 있다.

〈뷰티풀 마인드〉라는 영화에서는 수학자 존 내시(John Forbes Nash Jr., 1928~2015, 러셀 크로우 분)가 국가의 부름을 받고 비밀 기지에서 암호를 푸는 일을 하게 된다. 이 영화에서는 존 내시의 일이 사실은 정신적인 문제에서 기인한 환상뿐이라는 반전이 있었다. 그러나 전쟁과 암호, 국가의 기밀 정보 처리 그리고 수학자가 밀접한 관계가 있다는 것만은 분명하다.

앨런 튜링도 그런 수학자들 중의 한 명이었다. 앨런은 주변 사람들에게 무엇을 하는지 숨긴 채 독일군의 암호 기계 에니그마에 매달렸다. 수학자들의 노력으로 적군의 작전을 파악해서 영국은 전쟁에서 승리할 수 있었다. 영국이 독일 해군의 잠수함 이름을 딴 'U-보트 작전'을 막은 이 유명한 이야기는 영화 〈유보트(U-boat)〉로도 만들어졌다. 예전에는 〈토요 명화〉의 단골 메뉴였다.

튜링에 이르러 영화 이야기가 나오는 건 튜링의 삶이 영화와 같기 때문이다. 튜링은 5년간이나 암호 해독가로 활동하며 국가에 봉사한 수학자로 지냈지만, 현실에서는 5년의 세월을 잃어버린 사람이 되고 말았다. 그는 국가에 봉사한 5년의 세월을 그 어느 누구에게도 말할 수 없었고, 현실의 수학자로서의 자리도 굳건히 하지 못했다.

그는 전쟁 중에 지금과 같은 정보화 시대를 이끌 기초적인 컴퓨터 '콜로서스(Colossus)'를 만들었지만, 이를 자신이 해낸 일이라 말할 수 없었다. 벙어리 냉가슴 앓고 있는 그를 국가는 보호해주지 않았다. 오히려 너무 많은 것을 알고 있다는 이유로 그를 경계했다. 그는 어디를 가나 사복형사들에게 미행을 당했다.

어느 날, 튜링은 강도 사건을 신고했다가 동성애자라는 이유로 경찰에 체포되었다. 그 시절만 하더라도 동성애는 범죄에 해당되었다. 그는 즉시 정신 병원에 감금되었다. 그곳에서 그는 생체 실험의 대상자가 된다. 동성애를 치료할 수 있다는 전제하에 여러 가지 실험이 이루어졌다.

그는 우울증에 시달리다 결국 죽음을 선택한다. 그를 아는 모든 사람이 그가 자살할 만한 사람이 아니라고 생각했다. 모든 것이 그를 제거하려는 국가의 음모였다는 가능성이 제기되기도 했다. 컴퓨터를 만들고, 제2차 세계 대전의 종식에 큰 공헌을 한 숨겨진 영웅이었음에도 불구하고 수학자 앨런 튜링은 외롭게 죽어갔다. 모두가 시대를 잘못 만난 탓이었다.

괴델의 불완전성 정리

: 참과 거짓을 구별할 수 없는 명제

'괴델의 불완전성 정리'는 기존의 논리학 체계를 완전히 뒤집었다.

그리스 시대에 수학적 명제는 반드시 참이 아니면 거짓이라고 말했다. 이것은 괴델(Kurt Gödel, 1906~1978)이 나오기 전까지는 언제나 참인 이야기였다. 그러나 괴델은 수학적 명제이면서도 참인지 거짓인지 구별할 수 없는 명제가 존재한다는 사실을 증명하며 수학의 불완전성을 설명했다. 이것은 수학이 완전한 체계가 아닌, 약점투성이라는 사실을 인정하는 것이었다. 그 약점을 극복해가는 힘, 그것으로 우리는 수학의 역사를 써나가는 것이다.

괴델은 25세라는 젊은 나이에 괴델의 불완전성 정리*를 정리했다. 이렇게 복잡한 생각을 했으니 머리가 아프지 않으면 도리어 이상할 지경이다.

그는 실제로 심각한 편집증에 시달렸다고 한다. 그는 음식에 독극물이 들어 있다는 생각에 집착했다. 그래서 부인이 차린 밥상조차 마음 편하게 먹지 않았다. 부인은 그의 곁에 앉아서 모든 것이 안전하다는 것을 계속해서 증명하며 설득해야 했다. 그는 음식에도 불완전성의 원리가 있다고 생각한 것인지도 모른다. 오늘 먹는 밥상에 재료의 출처를 알 수 없는 뭔가 미스터리한 것이 들어 있을지도 모르는 일이다. 그는 부인이 없을 때는 아무것도 먹지 않았다. 결국 72세의 나이에 병원에서 심각한 영양실조로 숨을 거두었다.

괴델의 불완전성 정리 Gödel's incompleteness theorem

아무리 참이고 진리임에도 그것을 증명할 수 없는 수학적 명제가 존재한다는 정리다. 괴델은 1931년 〈수학과 물리학 월보〉라는 학술지에 이 정리를 발표했는데, 참이지만 증명이 불가능한 식을 제시하여 치밀한 수학적 논리 체계에서도 진리로 증명할 수 없는 명제가 존재할 수 있음을 정리했다. 수학에는 '예' 또는 '아니오'라고 답할 수는 있지만 그것이 왜 그런지는 증명할 수 없는 문제가 있다는 것이다. 이 정리는 수학의 완전한 체계를 확신했던 당대의 수학자들에게 큰 충격을 주었고, 인간이 인식하는 세계에 한계가 있음을 보여주었다.

몽상가 기질을 가진 수학자들

: 수의 세계에 몰입한 천재들의 에피소드

헝가리 수학자 폴 에르되시(Paul Erdős, 1913~1996)는 20세기 정수론의 대가다. 미국의 과학 저술가 폴 호프만(Paul Hoffman, 1956~)이 에르되시의 삶에 대해 쓴 책의 제목이 무척 흥미롭다.

'우리 수학자 모두는 약간 미친 겁니다'

수학자 모두가 "정곡을 찔렀군!" 하고 웃음을 터뜨릴 만한 제목이다. 그만큼 수학사에는 정신적인 문제, 특히 편집증을 가진 환자들이 많았다. 책의 주인공 폴 에르되시는 가방 하나를 가지고 세계를 돌아다니며 수학 연구에 몰두한 괴이한 인물이었다. 그는 하루 4~5시간도 자지 않고서 깨어나면 즉시 수학에 몰두했고, 하루 종일 그러니까 거의 19시간을 수학만을 위해 살았다. 그는 정착하지 못하고 돌아다니며 온갖 수학 문제에 몰두하느라 가정을 꾸리지도 못했다.

집합론의 대가 칸토어(Georg Cantor, 1845~1918)도 심각한 편집증에 시달려서 정신 병원을 자주 드나들곤 했다. 칸토어도 괴델과 마찬가지로 신경 쇠약 상태에서 생을 마감했다. 집요한 구석이 있어서 인간관계에서도 동료들을 피곤하게 했고, 욱하는 성격으로 감정을 주체하지 못해 학계에서 실수도 많이 저질렀다.

하지만 놀랍게도 가족에게는 오일러만큼이나 따뜻한 사람이었다고 한다. 그는 집에서 자녀들과 평화로운 식사를 즐기며 많은 대화를 했고, 아내에게도 "날 사랑해?" 하고 투정을 부리는 애교 많은 남편이었다.

칸토어가 신경 쇠약에 걸린 것은 방정식에서 많은 업적을 남긴 크로네커(Leopold Kronecker, 1823~1891)라는 수학자 때문이었다. 크로네커는 칸토어에게 사사건건 시비를 걸었던 인물로, 악의적으로 매도하는 것도 서슴지 않았다. 크로네커가 인격적으로나 수학적으로 형편없는 사람이 아니었기 때문에 칸토어는 크로네커와의 불화를 더욱 괴로워했다.

영화 〈뷰티플 마인드〉의 존 내시는 경제학에서 더욱 유용하게 쓰이는 게임 이론*을 정립해서 노벨 경제학상까지 받은 수학자이지만, 서른 살 무렵부터 정신 분열증에 시달렸다. 그는 종종 가상의 시간과 공간에 빠져들었으며 그것이 현실이라고 굳게 믿고 살았다. 그런데 제정신이 아닌 수학자가 나오는 이 영화의 제목은 '아름다운 정신'이다.

"수학의 아름다운 정신, 혹시 그것이 사람을 미치게 하는 것은 아닐까?"

누군가 이런 질문을 한다면, 수학자들이 어떤 대답을 해줄 수 있을지 궁금하다. 폴 에르되시의 인생처럼 '우리 수학자 모두는 약간 미친 겁니다'라는 명제가 참일까? 수학이 지나치게 복잡하고 어렵기 때문에 보통 사람들도 수학에 몰두하다 보면 결국엔 미칠 수밖에 없는 것일까?

"그래, 수학은 미친 사람들의 것이야. 그러니 수학을 하는 것은 정신 건강에 좋지 않아. 나는 건전한 정신을 갖기 위해 오늘부터 수학을 멀리한다."

게임 이론 Theory of Games

어떤 주체가 자기의 이익을 효과적으로 달성하기 위해 경쟁관계에 놓인 상대방의 대처 행동을 고려하고 분석하면서 최적의 전략을 선택하는 것을 이론화한 것이다. 원래는 군사적 용어로 사용되었으나 이론의 개념이 발달하면서 점점 정치학과 경제학, 심리학 등의 분야로 확대되었다.

여러분 중의 누군가는 이런 성급한 결론을 내렸을지도 모른다. 오, 그건 수학을 공부하기 싫어하는 사람들이 감히 다가갈 수 없을 만큼 아름다운 수학의 세계를 험담하고 회피하기 위해 만든 '신 포도'일 뿐이다. 단언하건대 수학은 사람을 미치게 만들지 않는다.

유명한 과학자나 수학자들은 확실히 평범한 사람은 아니다. 그들은 연구에 몰입하는 순간을 즐겼으며, 일상적인 일에서는 바보나 다름없었다. 계산적이고 현실적이면서 여우같이 모든 것을 잘 챙겼다는 수학자는 그리 많지 않다.

뉴턴은 수학자로서 미적분학에 지대한 공헌을 한 인물이지만, 골똘히 생각에 빠져서 자기가 뭘 하려고 했는지도 종종 잊어버리는 맹한 사람이었다. 친구를 초대해놓고는 방에 올라갔다가 옷을 입고 그대로 외출해버린 일도 있었다. 계란을 삶으려다가 시계를 삶아버린 일화도 유명하다. 말을 끌고 가다가 말이 '만유인력의 법칙'에 따라 언덕 아래로 굴러 떨어졌는데도 알아채지 못하고 고삐를 잡고 계속 가기도 했다. 나중에야 "어럽쇼? 충실한 친구 말 경(卿)이 어디로 간 걸까?" 하고 궁금해했지만, 말에 대해서도 곧 잊었다. 일상인의 시각으로는 이런 수학자들의 성향이 답답함을 불러일으킬지도 모른다.

프랑스 수학자 앙리 푸앵카레(Henri Poincaré, 1854~1912)는 "유명한 과학자, 특히 수학자는 자신이 하는 일에서 예술가와 같은 경험을 한다"라고 말했다. 그만큼 수학과 예술이 닮아 있기에 수학자들은 종종 예술가적인 성향을 드러낸다. 뉴턴이 보인 일상생활에서의 명청함은 몽상적인 예술가 기질을 닮았다. 수학자들은 수학적인 연구에 몰입하고, 그 속에서 진리를 발견하며, 예술가처럼 창조하는 기쁨을 누린다.

무엇엔가 미친 듯이 몰두하면 다른 것은 소홀하게 되어 있다. 그걸 두고 정신적인 이상으로 몰아붙여서는 안 된다. 물론 실제로 정신병을 앓은 수학자들도 있었지만, 그들의 정신병이 수학에서 비롯된 것은 아니다.

사실상 열정을 가지고 자신의 모든 것을 바치는, 일종의 미치는 행위는 모든 젊은이에게 필요한 것이다. 미치지 않고서 대가가 되려고 하는 것은, 누워서 감이 떨어지기를 기다리는 것과 다를 바가 없다. 역사 속의 미친 대가들은 우리에게 이런 교훈을 남겼다.

"문을 열고 나가라. 그리고 움직여라. 좋아하는 것에 미쳐라!"

'미친'의 '미'는 아름다움을 뜻하는 '美'에서 비롯된 것일지도 모른다.

이탈리아 화가 마사초(Tommaso di Giovanni di Simone Guidi, 1401~1428, 'Masaccio'
라는 이름으로 더 잘 알려져 있다)가 그린 〈성삼위일체〉다. 당대의 수학과 공학 개념이 적용
된 최초의 회화 작품으로, 입체감 때문에 관람객들은 벽을 파서 만든 조각이라고 착각했다.
수학과 예술이 결합한 결과물이라 할 수 있다. 르네상스 시대의 예술가인 레오나르도 다빈
치, 미켈란젤로 등이 수학과 공학에도 뛰어났던 데에는 이유가 있었던 것이다.

수학자들은
끊임없이 움직이는 존재다
: 수학자들의 무서운 집념

가우스는 '적게, 그러나 완벽하게'라는 신념을 가지고 있던 수학자였다. 그는 수학적 연구들을 자신만의 비밀 노트에 적어두고, 극히 일부만을 논문으로 발표했다. 다른 수학자들이 논문을 쓰면 "그건 내가 먼저 생각한 거야" 하고 쩨쩨한 모습을 보여 수학자들의 비위를 상하게 하는 것이 취미였다.

그나마 그가 수학 노트에라도 자신의 연구들을 적어두지 않았더라면 그 말이 진실이라는 것을 밝힐 수도 없었을 것이다. 작가 노트는 알베르 카뮈(Albert Camus, 1913~1960)에게만 필요한 것이 아니라, 수학자들에게도 필요하다. 물론 눈이 좋지 않아서 모든 것을 귀로 듣고서 외우고, 머릿속으로만 연구했다는 푸앵카레 같은 특이한 인물도 있지만 말이다.

수학적 연구라는 것을 구석에 앉아서 수학 문제나 푸는 것으로 생각하는 이들이 있을지도 모른다. 그러나 역사 속의 수학자들은 그런 식으로 연구를 하지 않았다. 그들은 수학 연구에 많은 실험들을 적용했으며, 다른 수학자들과 서신을 교환하고 논문을 발표하며, 새로운 학설에 대해 발표하고 논쟁을 하기도 하고 회의를 하기도 하는 수학 대회 등을 통해서 수학의 발전을 도모했다. 탁상공론에 그치지 않고, 수학이 세상에 나가 움직이게 하기 위해 애썼다.

수학자라면 새로운 이론을 정립해야 할 의무가 있다. 그러기 위해 그들은 부단히 생산을 해내야 했다. 자기 책상에 앉아서 생각만 하는 게 아니라, 그 생각을 만천하에 공개하기 위해 논문을 쓰는 것은 필수적인 일이었다.

가우스는 논문을 적게 발표했지만, 오일러와 푸앵카레는 다작(多作)하는 수학자로 유명했다. 오일러는 수학자로 활동하는 동안 560권의 책과 논문을 펴냈고, 미발표 원고도 많았다. 만약 어떤 소설가가 100권의 책을 냈다고 하면, 그에게는 당연히 '괴물'이나 '사이보그'라는 별명이 붙을 것이다. 그만큼 많은 창작물을 생산해낸다는 것은 거의 불가능에 가깝다. 노년의 대가가

과거 스위스의 10스위스프랑(CHF)짜리 지폐에 새겨진 오일러의 모습. 오일러는 수학자와 물리학자로 알려져 있지만, 의학과 식물학은 물론 아시아의 여러 가지 언어에도 밝은 박학다식한 인물이었다. 그가 펴낸 수백 권의 책과 논문은 자신이 가진 방대한 지식 세계를 저장한 일종의 외장 하드였던 셈이다.

"징그럽게 많이 썼군." "내가 이런 글을 썼던가?" 하고 돌아보는 모습을 보면서 존경심이 솟아나는 것도 다 이유가 있다.

수학자는 소설가가 아니므로 스토리를 만들어내기 위해 백지와 싸우지는 않는다. 그렇다 해도 560권의 책과 논문이란 경이로운 숫자이며, 이 숫자는 오일러가 단 하루도 허투루 보내지 않고 많은 양의 수학 원고를 썼다는 사실을 증명한다. 글을 못 쓰는 수학자, 예술적 감각이 없는 수학자, 창작의 욕구가 없는 수학자라면 절대로 해낼 수 없는 일이기도 하다.

오일러는 이 논문들을 통해 자연 상수 e와 허수의 기호 i, 합의 기호 Σ 등등의 기호들을 만들었다. 이는 우리가 수학 시간에 볼 수 있는 친근한 기호들이다.

19세기의 수학자 코시도 789편의 논문을 발표해서 오일러와 막상막하를 이룬 인물이다. 그는 일주일에 서너 편의 논문을 완성해서 제출했다. 미적분학에서 코발레프스카야와 함께 '코시-코발레프스카야 정리'를 세운 바로 그 사람이다. 대수학, 미적분학, 기하학, 해석학에 이르기까지 그가 다루지 않은 분야란 거의 없었다. 그는 사이보그 같은 능력을 지녔지만, 성격이 원만한 편이 아니어서 적이 많았다. 아벨한테서는 "미친놈" 소리도 들었고, 논문을 잃어버려서 갈루아에게 쓰디쓴 좌절감을 안겨주기도 했다.

푸앵카레도 만능인이라고 불릴 만큼 수학의 다양한 문야를 모두 섭렵한 인물이다. 푸앵카레가 어렸을 때 했던 지능 검사에서는 저능아 수준의 점수가 나왔지만, 청년이 되었을 때는 철학적 깊이를 지닌 수학자로 인정을 받았다.

푸앵카레는 특히 독서를 좋아했고, 기억력이 컴퓨터 수준이라 한 번 읽은 책은 그 문장까지 잊어버리는 법이 없었다. 보통 사람에게 망각의 여신 레테가 찾아오지 않는 삶이란 지옥과 같을 것이다. 우리는 망각할 수 있기에 어제보다는 오늘이, 오늘보다는 내일이 소중하다고 생각하면서 살아간다. 그러나 수학자에게 뛰어난 기억력은 축복이다. 모든 정보를 고스란히 기억하고 있으니, 연구를 할 때 자료를 찾기 위해 시간을 허비하지 않아도 된다.

그는 이렇게 뛰어난 기억력에도 불구하고 일상생활에서는 엉성하기 그지없었다. 학창 시절에는 그림을 너무 못 그려서 친구들로부터 "발로 그렸다"는 놀림을 받았다. 일을 하고 있을 때는 손님이 찾아와도 일을 그만두는 법이 없이 몇 시간이고 계속 서성대며 수학 문제를 생각했다. 수학 외의 것은 관심권에도 들어오지 않는 귀찮은 일에 불과했다.

푸앵카레는 이런 열정으로 수학 논문을 단숨에 써내려갔다. 그는 생각이 고일 때까지 몇 날 며칠이고 골똘한 표정으로 왔다갔다 서성거리는 습관이 있었다. 그러나 논문을 쓰기 시작하면 일필휘지로 끝까지 갔다. 그는 오일러에 비견될 만큼 많은 논문과 책을 발표했고, 특히 대중들도 쉽게 읽을 수 있는 수학책과 과학책을 쓰는 일에도 열심이었다.

푸앵카레는 자신의 연구 방법에 대해 설명하기도 했다.

"갑작스러운 계시는 오랫동안 무의식중에라도 연구를 계속했을 때 오는 것이다."

뮤즈란 갑작스럽게 나타나는 것이 아니다. 어떤 화두를 마음에 품고 오랫동안 몰두하고 노력했을 때 봇물 터지듯이 생산해낼 수 있는 것이다. 많은 수학자들이 자신의 이론을 세울 때는 앉으나 서나, 자나 깨나 그 이론에 사로잡혀서 살아가는 것이다. 그럴 때에만 책상에 앉았을 때 후세에 남을 위대한 논문의 첫 문장을 적을 수 있다.

생산을 한다는 것은 수학자들에게도 의미 있는 일이다. 지금까지 이야기한 수학자들은 모두가 논문을 끝까지 완성했기 때문에 수학사에 그 이름을 남길 수 있었다. 핑계대지 말고 시작하라. 그리고 끝을 내라. 그것이 생산의 제1원칙이다.

더디더라도 끝까지 가겠다는
그 마음

: 여성 수학자들의 열정

    생산을 많이 하고 싶어도 개인적인 능력이 부족해서가 아
니라 환경적인 문제로 인해 장애를 겪는 사람들도 있다. 그 이
름은 바로 여성이다.

    앞서간 수학자 소피야 코발레프스카야도 많은 논문들을
남겼지만, 위장 결혼 상대일 뿐이었던 블라디미르 코발레프스
키(Vladimir Kovalevsky, 1842~1883, 러시아의 고생물학자)에게 호감을
느껴 진정한 결혼에 이르렀을 때부터는 많은 난관에 맞닥뜨
렸다. 예전에는 아무런 문제가 되지 않던 소피야의 수학 연구
가 부부 사이의 갈등 원인이 되었다.

    소피야는 딸을 하나 낳았는데, 그녀는 딸을 러시아의 친정

에 맡기고 활동을 계속했다. 그러자 사람들은 소피야가 딸을 돌보지 않는 매정한 엄마라고 손가락질을 했다. 딸이 여덟 살쯤 되었을 때 데려와 함께 지냈는데, 이때부터 소피야의 활동은 위축될 수밖에 없었다. 소피야는 수학 연구에 매진할 수 없었고, 사교 활동도 중단할 수밖에 없었으며, 특히 논문을 쓸 시간을 낼 수 없었다. 수학 연구에 매진할 시간이 늘 부족했고 할 일은 더욱 많아졌다.

24시간이 모두 자기 것인 수학자는 하루에 9시간 일을 하든 12시간 일을 하든 18시간을 일하든 미친 듯이 일에만 매달릴 수 있지만, 아이 엄마가 그렇게 하는 것은 불가능하다. 18시간을 일하고 싶은 욕구가 있다 하더라도 아이를 키우는 엄마로서는 30분 열중한다는 것도 어렵다. 하루 24시간은 산산이 조각나고, 그런 가운데 짬짬이 15분씩, 30분씩 집중해서 일을 해내야 하는 것이다. 때로는 목을 겨우 가누기 시작한 아기를 들춰 업고 부엌에 서서 5분 동안 한 가지 생각을 종이 위에 정리하기도 한다. 밤에 아기를 재우고 나면 쓰러질 만큼 피곤하지만, 욱신거리는 몸을 이끌고 책상 앞에 앉는다. 아무것도 하지 않는 것보다는 무엇이든 조금이라도 생각하는 게 낫다. 다른 말로 조금이라도 생산하는 것이 아무것도 하지 않는 것보단 낫다.

아무리 천재적인 여성 수학자라고 해도 오일러처럼 560권의 논문과 책을 쓰는 것은 불가능했다. 오일러는 언제나 아이들로 북적대는 시끄러운 집에서 살았지만, 그 속에서 연구하고 많은 연구물들을 생산해냈다. 하지만 적어도 그 많은 아이들을 키우기 위해 부엌에서 밥을 짓고, 빨래터에 나가 빨래를 하고, 아이들을 씻기고 먹이고 가르치는 일을 하지는 않았다. 아이들을 전적으로 돌보면서 "아버지 연구하신다. 조용히 해라"라고 아이들에게 아버지의 일을 존중할 것을 가르치는 아내가 있었던 것이다. 그의 아내에게는 오일러처럼 책상 앞에 앉아 뭔가를 골똘히 생각할 시간이 10분도 없었다. 반대로 "엄마 연구하신다. 조용히 해라, 얘들아"라고 말하면서 아이들을 돌봐주는 남편은 전무했던 시절이다.

소피야는 아이가 여덟 살이 되어서야 데려왔지만, 그래도 엄마의 역할은 수학의 무한보다도 더 무한한 것이라 아이에게 관심을 쏟느라 그 후로는 많은 일을 하지 못했다. 그래도 소피야는 신념을 가지고 후세의 여성들에게 도움이 될 말을 남겼다.

"아는 것을 말하라. 반드시 해야 하는 것을 행하라. 가능성 있는 것을 성취하라."

메리 페어팩스 소머빌(Mary Fairfax Somerville, 1780~1872)은 여성들 모두가 부러워할 만한 수학자였다. 많은 여성 수학자들의 약진이 있었음에도 불구하고 19세기에는 연구 실적을 두고 여성을 차별하는 일이 일반적이었다. 심지어 수학은 여성에게 해롭다고 생각하는 사람이 매우 많았다.

메리는 이불 속에 숨어서 촛불을 켜놓고 수학의 고전들을 탐독했는데, 부모님에게 들키는 바람에 큰 위기를 맞이하기도 했다. 심지어 어머니는 메리가 수학에 관심을 두는 것을 부끄러워하기까지 했다. 이쯤에서 죄의식을 불러일으키는 환경에 굴복했더라면 아마도 '19세기 과학의 여왕'이라는 별명은 얻지 못했을 것이다.

그녀는 두 번의 결혼으로 여섯 명의 자녀를 두었다. 첫 번째 남편과는 사별했다. 첫 번째 남편은 그녀가 수학 공부를 하는 것을 반대하고 억압했다. 하지만 첫 남편이 많은 유산을 남겼고, 그것으로 연구를 계속할 수 있는 발판을 마련할 수 있었다. 그녀는 전문 교육을 받지 못했지만, 많은 책들을 통해서 수학적 지식을 터득했다. 그녀의 연구를 반대하는 남편이 세상을 떠나고 나자, 이번에는 친구들과 친척들이 그녀가 수학을 하는 것을 비난하기 시작했다. 여성이 수학을 한다는 것은 도미노처럼 밀려오는 벽들을 넘어서야 함을 의미했다.

두 번째 남편은 그녀의 연구를 적극적으로 지지했다. 메리는 네 명의 아이를 더 낳았지만, 살림과 육아에 충실하면서도 가족의 배려로 공부를 계속해나갈 수 있었다. 메리는 수학적 지식을 바탕으로 다양한 연구를 했고, 전문가들만 읽을 수 있는 어려운 논문이 아니라 쉽고 재미있는 대중 과학서들을 많이 썼다. 그녀는 『물리학의 연결』, 『창공의 메커니즘』으로 성공했고, 여든여덟 살에 『분자와 미시적 과학에 관하여』라는 책을 마지막으로 과학 글쓰기에서 은퇴했다.

풀타임으로 하루 종일 일하지는 못했지만, 그녀는 수학자로서의 정체성을 가지고 있었고 아이들과 함께 있으면서도 항상 수학을 생각했다. 정원에서 바늘로 실험을 하다가 「굴절 태양의 자성화 힘에 대하여」라는 논문을 쓰게 되었는데, 이것은 바느질을 하는 여성이 아니었다면 쓸 수 없는 논문이었다.

그녀는 아이들이 자고 있는 이른 아침에 일어나 몇 시간씩 수학 연구를 했고, 이 시간들을 모아서 조금씩 글을 쓰는 것으로 책과 논문을 발표할 수 있었다. 조금 더디더라도 반드시 완성을 했다. 훗날 아이들이 모두 성인이 되어 노년의 자유로움을 느낄 수 있었을 때, 메리는 진정한 풀타임 수

스코틀랜드 출신의 수학자이자 물리학자, 천문학자였던 메리 소머빌은 여성 최초로 영국 왕실 천문학회 회원이 된 인물이기도 하다. 그녀는 수학 외에 특히 천문학 분야에서 업적을 많이 남겼으며, 시인 바이런의 딸이자 '세계 최초의 컴퓨터 프로그래머'라고 불리는 에이다 러브레이스(Ada Lovelace, 1815~1852)의 가정 교사이기도 했다.

학자가 되었다.

　많은 아이들을 키우고 가정에 충실하면서도 다양한 저삭물을 펴낼 수 있었던 것은 그녀의 용기를 꺾지 않는 남편과 엄마의 일을 자랑스러워하는 아이들이 있었기 때문이다. 독학으로 수학 공부를 해서 많은 독자들에게 수학과 과학을 알린, 여섯 아이의 어머니 메리 소머빌은 진정으로 위대한 수학자였다.

인간은 무와 무한 그 사이의 존재

: 수학자들이 맞은 아름다운 끝

대가들의 죽음은 언제나 우리 가슴에 깊은 여운을 남긴다. 아르키메데스가 위대한 수학자를 몰라본 어리석은 병사에게 엉뚱한 죽음을 당했을 때, 로마군의 수장 마르켈루스(Marcellus)는 슬픔의 눈물을 흘렸다. 그리고 평소 고인이 자주 했다는 말에 따라 아르키메데스의 묘비에 '구에 외접하는 직원기둥'의 그림을 그려 넣고 그 안타까운 죽음을 애도했다.

가장 황망한 죽음은 가우스의 죽음이다.

괴팅겐에 온 후 20년 동안 집과 연구실을 오가며 꼼짝도 않고 연구만 하던 가우스가 어느 날 갑자기 세상 구경을 하러 나섰다. 평소 철도에 대해 관심이 많던 그가 철도가 건설

된다는 소문을 그냥 지나칠 리 없었다. 그런데 운도 나쁘지, 하필이면 이날 큰 사고를 당했다. 말이 갑자기 날뛰는 바람에 가우스가 마차에서 튕겨나갔던 것이다.

심한 상처를 입지 않았기 때문에 괜찮다고 생각했고, 잠시 후 그는 열차가 괴팅겐에 들어오는 감격적인 순간을 목격하게 되었다. 그러나 사실 사고로 인한 후유증은 치명적인 것이었다. 집에 돌아온 후 가우스는 병상에 누웠다. 고통스럽게 누워 있는 순간에도 그는 손에서 연구를 놓지 않았다. 손이 떨려도 연필을 꾹 쥐고 있었다. 하지만 어느 날 죽음이 찾아오자 가우스는 조용히 연구를 멈추었다.

가우스도 아르키메데스처럼 묘비에 자신이 연구한 기하학 그림을 그려달라는 말을 남겼고, 그가 평소 자랑스럽게 생각했던 연구 성과물인 '정17각형'의 그림이 새겨졌다.

3차 방정식을 푼 기괴한 사나이 카르다노는 "나는 1576년 9월 20일에 죽는다"라고 예언했고, 바로 그날 죽음을 맞았다. 그의 인생에서 행복했던 순간은 많지 않았다. 매순간 고통에 힘겨워했고 가난과 불행이 정신을 병들게 했다. 그러나 그가 행복했던 순간이 있었으니 바로 수학에 몰두할 때였다.

오일러의 표수, 오일러의 다항식, 오일러의 적분, 오일러 상

수, 오일러 함수······.

이와 같이 수많은 공식을 만들어낸 오일러는 어떤 상황에서도 부지런히 일한 수학자로 유명하다. 오일러는 지나치게 자신을 혹사하는 바람에 나이가 들어가면서 눈이 멀기 시작했다. 그러나 눈이 보이지 않는다고 좌절하지 않았다. 현대 러시아의 수학자 폰트랴긴(Lev Pontryagin, 1908~1988)도 눈이 보이지 않았지만, 대수적 위상 공간에 대한 이론을 세우는 등 많은 업적을 남겼다. 이들 수학자들에게 수학은 눈이 아닌 마음으로 보는 것이었다.

오일러는 가정적인 사람으로 텃밭에서 야채를 기르거나 아이들과 재미있게 지내고는 했다. 노인이 되었을 땐 수많은 손자들에 둘러싸여 지냈다. 지상에서의 마지막 날, 오일러는 평화롭게 말했다.

"나는 죽는다. 나, 레온하르트 오일러는 사는 것과 계산하는 것을 멈춘다."

삶이 곧 수학이었던 오일러는 조용히 눈을 감았다. 여한은 없었다.

데카르트는 허약한 몸 때문에 죽음을 맞이한 사람이었다. 데카르트가 허약한 몸 때문에 침대에 누워서 생활하다가 천장에 앉은 파리를 보고 좌표 평면을 생각해냈다는 일화는 유명하다. 이 일화는 뉴턴이 사과가 떨어지는 것을 보고 만유인력을 발견했다는 이야기와 마찬가지로, 실화라는 근거는 없지만, 수학사의 상징적인 장면으로 전해 내려오고 있다.

데카르트는 쉰 살 무렵 스웨덴의 혈기왕성한 크리스티나 여왕의 가정 교사가 되었는데, 이 일을 맡은 후 데카르트는 급속도로 허약해졌다. 북극에 가까운 유럽의 날씨는 그를 뼛속까지 얼어붙게 만들었고, 그는 서재에 앉아 있어도 이가 덜덜 떨렸으며, 침대에 누워서도 깊은 잠을 이룰 수가 없었다. 그리고 젊은 여왕을 위해 새벽 5시에 수업을 해나갔다.

겨울이 지나고 봄이 손짓하고 있을 무렵 데카르트는 폐렴에 걸리고 말았다. 끝내 겨울을 이겨내지 못한 데카르트는 이국땅에서 숨을 거두었다.

그는 죽음으로 영원한 잠에 빠졌다. 단 한 번의 영원한 잠. 이제 데카르트는 누구도 방해할 수 없는 완전한 휴식을 즐기게 되었다. 수학자들은 죽음이 다가왔을 때 저항하지 않고 마지막 순간을 수학적으로 받아들였다.

'파스칼의 삼각형'으로 유명한 블레즈 파스칼은 문학적 재능도 뛰어나서 『팡세(Pansées)』라는 명상록을 남겼다. 이 책에는 시간을 초월하여 널리 회자되는 유명한 말이 나온다.

사람은 생각하는 갈대다.

사람은 대자연 속에서 갈대와 같이 약한 존재지만, 생각할
수 있으므로 큰 힘을 가진 것이 아닐까. 파스칼은 다음과 같
은 말도 남겼다.

인간은 본래 무엇인가? 무한에 비하면 무(無)이고, 무에 비하
면 모든 것이며, 무와 모든 것 사이의 중간적인 것이다.

히파티아는 잔인한 죽음을 맞이했고, 오일러도 죽었으며,
데카르트도, 라마누잔도, 아벨과 갈루아도 죽음을 맞았다. 그
들 모두는 우리 곁에서 떠나갔다. 그러나 그들은 생각하는 갈
대로서 치열하게 살았고, 무와 무한의 사이에 있는 인간의 존
재 의미에 대해 수학적으로 고민했으며, 우리에게 잊지 못할
이야기들을 남겼다.

우리는 그들의 이야기에서 수학의 소중함을 배운다. 그리고
동시에 이 세상에 태어나 한평생을 어떻게 살아야 하는지를

깨닫게 해준다. 누구보다 치열한 삶을 살았던 그들. 그들의 삶이 곧 수학으로 남았다.

우리가 배워야 할 것은 수학 공식이 아니라, 그 공식 속에 담긴 수학의 아름다운 정신이다.

수의 세계로 떠난
아름다운 여행을 마치며

기호와 공식의 아름다움

감성이 샘솟는 수학에 대한 이야기를 하면서 수학 기호와 공식을 거의 쓰지 않았다. 우리는 기호와 공식을 통해서 수학을 접하지만, 반면 그 때문에 수학을 어려워하고 싫어하는 경우가 많기 때문이다.

제도권 교육을 받은 사람들은 누구나 수학에 얽힌 트라우마를 한두 가지씩 갖고 있다. 공식을 제대로 이해하지 못했기 때문에, 혹은 계산법이나 정답이 틀렸기 때문에 마음이 상했던 안 좋은 기억을 누구나 갖고 있을 것이다. 그래서 우리는 수학 공식, 특히 미적분, 수열의 극한, 무한급수 등등의 어려운 공식들을 보면 살짝 이가 갈리는 것이다.

그러나 수학의 기호에는 수학의 본질인 아름다움이 들어 있다. 우주의 삼라만상을 수학적으로 표현할 때, 그것을 언어로 장황하게 풀어낼 수가 없을 때, 수학자들은 그것을 공식에 담았다. 기호는, 이집트인이 상형 문자를 만들어 파피루스에 적었던 것처럼 수학적인 규칙들을 표현하기 위해 만든 하나의 디자인 로고와 마찬가지다.

수학은 패턴의 학문이라고도 한다. 자연 속에는 갖가지 패턴들이 존재하며, 수학적 연구들도 하나의 패턴으로 이루어져 있기 때문이다. 우리의 머리를 복잡하게 하는 온갖 공식들이 예술적 감각으로 그려진 하나의 패턴이라고 생각한다면 그 속에 담긴 수학적 사고의 아름다움에 더욱 쉽게 다가갈 수 있다.

$$\lim_{n \to \infty} l_n = AC_n + C_n A_n + \cdots\cdots + B_{n+1} B \text{일 때,}$$
$$\lim_{n \to \infty} l_n = AB + BC$$

이 수식에는 극한(limits)과 무한(∞) 그리고 무한으로의 수렴($\to \infty$)이라는 의미가 담겨 있다. 제논의 제1역설을 설명하기에

이보다 더 아름답고 편리한 수식은 없다. 이와 같은 패턴은 훗날의 수학자들이 만든 것이지만, 우리는 이것을 통해 고대의 무한에 대해서 많은 것을 깨달을 수 있다.

우주의 기운을 모두 담은 듯한 ∞는 무한대를 뜻하는 기호다. 칸토어는 보다 새로운 패턴을 개발했다. 그는 히브리어 알파벳의 첫 문자 알레프($\aleph$)를 사용하여 무한의 본질에 대한 방정식을 $2^{\aleph_0} = \aleph_1$와 같이 표현했다. 물론 칸토어의 공식은 시험에 나오지 않기 때문에 굳이 알 필요가 없는 것일지도 모른다. 그러나 한 수학자가 평생의 연구 결과를 그 안에 담았다고 한다면 좀 다르게 느껴질 것이다.

도대체 무엇을 표현하려고 했을까? 저 공식 안에는 어떤 의미가 담겨 있을까? 무한의 신비, 우주의 신비…… 또 어떤 이야기들이 숨어 있을까?

어떤 공식을 만나더라도 두려움을 떨쳐버리고 호기심으로 바라본다면 모두가 사랑스러운 공식으로 다가올 것이다. 라이프니츠의 기호 인테그랄($\int$, intigral)이 쓰인 미적분의 기본 정리는 멋진 수식 중의 하나다.

$$\frac{dF}{dx} = f(x)\text{일 때,}$$

$$\int_a^b f(x)dx = F(b) - F(a)$$

수학자들을 다룬 영화에 등장하는 수학 공식들을 보며 아름답다는 생각을 했다면, 수학적 패턴의 아름다움을 이해한 것이다. 특히 좌표 평면은 공식을 더욱 멋지게 표현해주는 캔버스와 같다. 좌표 평면에 멋들어진 포물선과 쌍곡선을 그리는 것을 즐긴다면, 수학 문제 풀이가 즐거운 낙서와 같이 여겨질 것이다.

미래엔 어떤 일이 생길까?

현대는 정말 눈부신 성장의 시기였다. 기술이 보다 빠른 속도로 발전해서 세상은 더욱 편리해졌고, 대단한 발명품들이 등장했다. 사람들은 전화를 하고, 텔레비전을 보고, 컴퓨터를 다루고, 하늘에 인공위성을 띄우며, 달과 화성에 우주선도 보낼 수 있게 되었다. 이 모든 발전들 뒤에 수학이 숨어서 일하고 있다는 사실을 이제는 어느 누구도 의심치 않을 것이다.

기원전에는 알려진 것이 그렇게 많지 않았다. 기원전의 수학자들은 하늘을 바라보며 세상의 비밀들을 하나둘씩 밝혀

가기 시작했다. 그들은 수학에 우주를 담았고, 철학하면서 문제를 풀어갔다. 수학은 점점 과학적으로 변하게 되어 과학의 여왕으로서의 지위를 누렸다. 수학의 계산이 없이는, 수학의 논리가 없이는 과학이 지금처럼 발전할 수 없었을 것이다.

20세기에는 정말로 많은 수학자들이 쏟아져 나왔다. 많은 사람들이 고등 교육을 받을 수 있었고, 연구 기관도 훨씬 많아졌기 때문이다. 수학자가 되어서 대학에서 학생들을 가르치고 연구하는 일을 직업으로 갖는 사람들이 점점 더 많아졌다.

비행기를 타고 쉽게 여행을 할 수 있었으므로 전 세계 수학자들이 한자리에 모이는 일도 많았다. 그야말로 기회의 시간들이었다고나 할까.

힐베르트(David Hilbert, 1862~1943)는 세계 젊은이에게 이런 연설을 했다.

"수학은 어느 나라에서나 통하는 말입니다. 수학은 과학을 생각할 수 있게 만드는 기초이기 때문입니다. 수학을 보다 완전하게 만들기 위해 새로운 세기의 새로운 사람들이 필요합니다. 기운차고 정열적인 세계 젊은이들이여, 이제 일어나십시오."

힐베르트의 바람대로 20세기는 새로운 사람들로 가득 차 있었다. 어떤 사람들은 20세기를 수학에 있어서 '기적의 시간'이라고 말하기도 한다. 그만큼 기적적인 수학 활동이 많이 이루어졌기 때문이다.

수학의 노벨상이라고 불리는 필즈상과 아벨상이 만들어져서 젊고 유능한 수학자들에게 큰 자극이 되고 있다. 새로운 세상은 수학자들을 더 많이 원하고 있는 것이다.

바야흐로 21세기는 정보의 시대가 되었다. 옛날 수학자들의 연구가 활짝 꽃핀 시기가 아닐까. 우리는 정보화 사회, 보다 편리한 디지털 사회에 살고 있으니까 말이다. 시간은 보다 빠른 속도로 흐르기 시작했고, 많은 것들이 놀라운 속도로 발전하게 되었다.

미래엔 어떤 일들이 생길까?

자동차가 하늘을 날고, 사람들이 눈 깜짝할 사이에 공간 이동을 하고, 누구나 쉽게 우주여행을 할 수 있을 날이 올지도 모른다. 많은 수학자와 과학자들이 끊임없이 연구하고 있으니까 불가능한 일도 아니다.

그러나 가끔은 아주 느렸던 시간에 대해 생각하게 된다. 전화, 자동차, 텔레비전, 컴퓨터도 없던 시대, 우주의 비밀이 무엇인지 생각하다가 웅덩이에 빠지곤 하던 수학자들의 시대. 아주 느린 시간들이었지만, 그 시간들은 우리에게 많은 것을 선물해주었다.

이 순간 생각나는 것은 턱을 괴고 하늘을 올려다보다가 맨 땅에 그림을 그리는 옛 수학자의 모습이다. 낙서하는 수학자들. 아마도 우리에게 이런 이야기를 들려주려는지도 모른다.

"궁금한 것이면 무엇이든 손이 가는 대로 그려보렴. 수학은 어려운 게 아니야. 수학은 낙서야, 낙서!"

옛날 수학자들이 오늘날 우리가 사는 모습을 본다면 까무러칠지도 모른다. 언젠가는 우리가 상상하는 일들이 이루어질 날도 올 것이다.

이 책은 여기서 끝나지만, 수학에는 정해진 것도 없고 끝도 없다. 수학은 영원히 열린 결말인 채로 우리가 상상할 수 있는 여지를 남겨놓는다. 다음 이야기는 바로 우리의 몫이다. 진짜 시간 여행은 지금부터 시작이다.

방문을 열어보라.

무한이 있다.